MARTIN RÜTTER
ANDREA BUISMAN

Haltung mehrerer Hunde

KOSMOS

1 Vom Einzelhund zum Rudel

2 Partnerwahl

3 Weichenstellung

4 Erziehung & Beschäftigung

MEIN TIPP Martin Rütter zeigt, wie es gelingt.

WICHTIG Informationen zum Thema

1

Vom Einzelhund zum Rudel

Der Trend in Deutschland geht eindeutig zum zweiten, wenn nicht sogar zum dritten Hund. Etwa 60 % aller unserer Kunden in unseren „Zentren für Menschen mit Hund“ halten mehr als einen Hund.

Was ist das Faszinierende am Zusammenleben mit mehreren Hunden, dass viele Menschen sich dafür entscheiden?

Im vorliegenden Buch werden wir die Vor- und Nachteile der Haltung mehrerer Hunde erörtern und Ihnen einen Einblick in mögliche „Gruppenkonstellationen“ geben. Doch zuerst einmal müssen die Rahmenbedingungen und Voraussetzungen besprochen werden, unter denen eine Mehrhundehaltung überhaupt erst möglich ist. Hierzu gehören die ideale Familienstruktur, die Zuständigkeit für Betreuung und Ausbildung bzw. die entsprechende Aufgabenverteilung innerhalb der Familie sowie der ideale Zeitpunkt zur Anschaffung eines weiteren Hundes und die Auswirkung der Gesamtanzahl der Hunde. Ob Mehrhundehaltung klappt oder nicht, liegt auch entscheidend an der Auswahl der Individuen. Welcher Hund passt in die bestehende Familie, wie wirken sich die Geschlechterverteilung und der Verwandtschaftsgrad aus, bzw. auch Unterschiede bezüglich Alter, Größe, Rasse, Interessen und Veranlagungen?

Wenn zwei Hunde zueinander passen, ergeben sich nicht nur für die Menschen der Familie viele Vorteile.

Alle diese Überlegungen sollen Ihnen bei der Entscheidung und Auswahl eines weiteren Fellpartners helfen.

VORTEILE DER MEHRHUNDEHALTUNG

Doch trotz aller möglichen Probleme bietet die Mehrhundehaltung auch große Vorteile: Sie ermöglicht es den Menschen z. B., Hunde in ihrer Kommunikation täglich zu beobachten, und bietet Hunden die Gelegenheit zur innerartlichen Kommunikation. Daher ist die Mehrhundehaltung grundsätzlich eine spannende Variante.

Gruppenstruktur: Hunde sind soziale Tiere

Hunde sind soziale Lebewesen – genauso wie der Mensch leben sie in Sozialverbänden mit geregelten sozialen Strukturen. Aus diesem Grund erfolgte die Domestikation des Hundes durch den Menschen wie bei keinem anderen Lebewesen in ungeahntem Ausmaß. Hunde teilen unseren Lebensraum, werden in unsere eigenen sozialen Strukturen eingegliedert, und das in einem Maße, bei dem mittlerweile weitere Gefahren lauern. Die Vermenschlichung des Hundes führt sehr häufig zu großen Problemen in der Mensch-Hund-Beziehung.

Ein Hund in der Familie bedeutet gerade für Kinder eine große Bereicherung. Dennoch muss man überlegen, ob ein oder mehrere Hunde zur aktuellen Familienstruktur passen.

Der Hund ist nicht nur ein Mitglied der Familie, sondern muss z. B. auch eine Partnerfunktion übernehmen. Dies überfordert den Hund, denn trotz der vielen Gemeinsamkeiten im sozialen Bereich handelt es sich immer noch um zwei Arten – Mensch und Hund. Dennoch – die Gemeinsamkeiten überwiegen.

GEMEINSAMKEITEN UND UNTERSCHIEDE

Hunde zeigen wie der Mensch in ihrer Kommunikation eine ausgeprägte Mimik und Gestik, dies wird vor allem im Spielverhalten deutlich. Innerhalb eines Rudels gibt es zwar Rangordnungsstreitigkeiten, jedoch wird eine ernsthafte Verletzung eines Rudelmitgliedes in der Regel vermieden. Durch klare kommunikative Fähigkeiten werden Positionen im Rudel deutlich gemacht. Nur im Miteinander ist ein Überleben möglich, weshalb gemeinsame Jagdstrategien entwickelt werden können. Hunde leben in der Gemeinschaft, es wird zusammen geruht, die Aufzucht des Nachwuchses wird gemeinsam übernommen. Der Hund ähnelt damit in den wichtigsten sozialen Strukturen dem Menschen, weshalb die Eingliederung eines Hundes in die Familie so leicht fällt. Dennoch gibt es deutliche Unterschiede zum Menschen, das Zusammenleben von Mensch und Hund ähnelt zwar den Strukturen eines Hunderudels, kann jedoch nicht eins zu eins übertragen werden, da beide Arten auch abweichende arteigene Kommunikationsformen und soziale Verhaltensweisen haben. Hunde leben vor allem im Hier und Jetzt, die Vergangenheit hat zwar Auswirkungen auf die Gegenwart, indem Erlebnisse verarbeitet und abgespeichert werden, dennoch ist ihnen z. B. eine Sorge um die Zukunft vollkommen fremd.

DER HUND, EIN RUDELTIER?

Hunde sind Rudeltiere, sie leben nicht alleine. Die Haltung von mehreren Hunden bietet damit dem Hund das Ausleben seiner arteigenen sozialen Strukturen, die der Mensch ihm nicht bieten kann. Allerdings muss auch hier mit Bedacht gehandelt werden, nicht jeder Hund kann mit jedem anderen Hund vergesellschaftet werden. Denn die willkürliche Zusammenführung von Hunden durch den Menschen unterscheidet sich gravierend von dem natürlich gewachsenen Hunderudel, das sich in der Regel durch viele verwandtschaftliche Beziehungen auszeichnet und bei dem es nur selten Zuwanderungen durch fremde Hunde gibt.

WICHTIG

Definition Rudel

Eine wissenschaftlich einheitliche Definition des Begriffes „Rudel“ gibt es nicht. Als „Rudel“ bezeichnet man im Allgemeinen eine geschlossene und individualisierte Gruppe. Das bedeutet, dass die Mitglieder der Gruppe nicht austauschbar sind und sich untereinander erkennen. Im Unterschied dazu bezeichnet der Begriff „Herde“ in der Regel einen anonymen Zusammenschluss von Tieren. In der Kynologie wird der Begriff „Rudel“ häufig mit Familienverband gleichgesetzt. Demzufolge wäre die Gemeinschaft von mehreren in einer Familie lebenden, aber nicht verwandten Hunden kein Rudel. Jedoch entwickeln sich auch innerhalb solcher Gruppen hierarchische Beziehungen, weshalb die Verwendung „Rudel“ auch für solche Lebensgemeinschaften angebracht erscheint.

In einem gewachsenen Hunderudel ist die Hierarchie in der Regel geklärt (hier die 5-jährige Ginala (rechts) mit ihrer 2-jährigen Tochter Lilyen und ihrem 1-jährigen Sohn Jamie).

DIE RANGORDNUNG IM RUDEL

Mit dem Begriff „Rangordnung“ wird die Hierarchie innerhalb einer Gruppe beschrieben. Bei Hunden ist die Hierarchie in der Regel nicht linear aufgebaut. Man kann hier also nicht sagen: Hund A ist ranghöher in Bezug auf Hund B, Hund B ist ranghöher in Bezug auf Hund C, Hund C ist ranghöher in Bezug auf Hund D etc. Vielmehr gibt es vielschichtige Beziehungen der Hunde untereinander, die zudem von den unterschiedlichen Interessen und Veranlagungen abhängig sind.

Oftmals gibt es in einem Rudel ein ranghohes Paar, hierbei ist dann die Hündin diejenige, die das Sagen hat. Darunter gibt es viele sogenannte „Helfer“, die bei den verschiedenen Aufgaben wie Bewachung des Territoriums oder Versorgung des Nachwuchses Verantwortung übernehmen müssen. Zudem sind in der Regel die älteren Tiere ranghöher als die jüngeren Tiere, ebenso wie dem Rudel bereits angehörige Mitglieder ranghöher gegenüber Neuzugängen sind. Im Rudel gibt es unendlich viele Möglichkeiten der Beziehung der Hunde untereinander. Die Rangordnung der Hunde in einem Rudel kann daher nie aufgrund einer einzigen Situation festgemacht werden. Will man eine sichere Einschätzung der Beziehung der Hunde eines Rudels, muss man immer viele verschiedene Situationen betrachten!

DOMINANZ

Entscheidend ist dabei, welcher Hund in Bezug auf den anderen Hund die dominante Position eingenommen hat. Dabei muss man wissen, dass es den dominanten Hund an sich nicht gibt. Heutzutage ist der Begriff „Dominanz“ mit einem negativen Aspekt belegt. Dominanz wird dabei mit „Aggressivität" und „Nicht-Einfügen in die Gesellschaft" gleich gesetzt. Dominant bezeichnet dabei doch lediglich die momentane Position des einen Tieres gegenüber einem anderen Tier. Dies kann von Situation zu Situation und von Gegenüber zu Gegenüber wechseln.

Beispiel: Der fünfjährige Schäferhundrüde Sam liegt mit seinem Knochen auf der Decke und knurrt den sich nähernden einjährigen Kleinen Münsterländer-Rüden Chico an, damit dieser nicht näher kommt. Wenn Chico nun die Annäherung abbricht, hat sich Sam Chico gegenüber dominant verhalten. Auf der Hundespielwiese treffen die beiden Hunde regelmäßig die Pudelhündin Maja. Maja und Chico verstehen sich bestens. Wenn Sam sich nun den beiden nähert, während diese gerade in ein wunderbares Spiel vertieft sind, hebt Chico den Blick und fixiert Sam. Dieser dreht daraufhin ab und beschäftigt sich mit anderen Dingen. In dieser Situation war somit Chico dominant gegenüber Sam. Um nun eine eindeutige Aussage über die Beziehung der beiden Hunde treffen zu können, müssten diese in vielen weiteren Situationen beobachtet werden. Und nur wenn sich einer der beiden Hunde in eindeutig mehr Situationen dominant gegenüber dem anderen Hund verhalten hat, kann man davon sprechen, dass es eine geklärte Rangordnung mit einem ranghöheren und einem rangniedrigeren Hund gibt.

DIE STELLUNG DES MENSCHEN

Die Frage, ob der Mensch vom Hund als Teil des Rudels angesehen wird oder nicht, wird in der Kynologie ebenfalls immer wieder diskutiert. Sicherlich ist der Mensch kein Hund, als was uns der Hund sieht, wird aber niemand eindeutig nachweisen können. Festhalten kann man aber, dass der Hund ein Lebewesen ist, das bestrebt ist, in einer möglichst stabilen Gruppensituation zu leben, welche sich durch die Ausbildung von Hierarchien kennzeichnet. Hierarchien werden dabei durch soziale Strukturen aufgestellt und durch einfache Regeln eingehalten. Daher müssen auch im Zusammenleben Mensch – Hund solche Strukturen aufgestellt und eingehalten werden. Welche dies sind, hängt jedoch immer von der individuellen Situation sowie den individuell betroffenen Persönlichkeiten aller Rudelmitglieder ab. Nur so kann ein harmonisches Zusammenleben aller erreicht werden – ob man die Mensch-Hund-Gemeinschaft nun als Familie, Gruppe oder Rudel bezeichnet, spielt dabei im Grunde genommen keine Rolle. In diesem Buch werden wir eine solche Gemeinschaft als Rudel bezeichnen.

Ginala checkt ab, während die beiden Junghunde weiter schnüffeln. Die Aufgaben sind klar verteilt.

VOR- UND NACHTEILE EINES RUDELS

Die Anschaffung eines Zweithundes ist in vielen Fällen eine große Bereicherung für Mensch und Hund. Der Hund hat täglichen Umgang mit einem Artgenossen und der Mensch hat die Gelegenheit, die Kommunikation zwischen zwei und mehr Hunden genau zu beobachten. Allerdings wird der Mensch es niemals schaffen, so genau mit einem Hund zu kommunizieren, wie dieser es mit einem Artgenossen tut. Daher besteht eine Gefahr darin, dass die Hunde sich verselbstständigen und der Mensch dabei außen vor bleibt.

So entwickelt sich je nach Interessen und Veranlagung der Hunde sehr schnell eine Eigendynamik, die durchaus gefährlich werden kann. Zum Beispiel schließen sich zwei Hunde, die im selben Haushalt leben, schneller zu einem Team zusammen. Zu zweit lässt sich die Konkurrenz besser aufmischen und eine Beute oder ein Konkurrent viel schneller und besser verfolgen, umkreisen und stellen bzw. erlegen als alleine.

Deshalb ist neben der Analyse der Struktur der bestehenden Familie die Auswahl des neuen Rudelmitglieds und der Zeitpunkt, an dem dieses aufgenommen werden soll, von entscheidender Bedeutung. Trifft man hier die ideale Kombination, kann auch für den Menschen der

Zwei territoriale Hunde wie der Weiße Schweizer Schäferhund und der Hovawart schließen sich schnell zusammen, um ihre territorialen Interessen durchzusetzen. Die Situation für den Verfolgten ist dabei nicht angenehm.

Die 10 Jahre alte Hündin macht sich klein und legt sich hin, wenn sie mit Easy (6 Monate) spielt.

Zwei Hunde, die sich gut verstehen und vertrauen. Da kann auch schon mal der Kleine obenauf liegen.

zweite Hund eine enorme Bereicherung sein. Denn Hunde sind zwar nicht gerne alleine, aber sie mögen auch nicht immer jeden anderen Hund, mit dem sie zusammentreffen. Genauso wie bei uns Menschen gibt es auch unter Hunden Sympathien und Antipathien.

MEIN TIPP

Hunde beobachten

Sicher gibt es kaum etwas Schöneres als zu beobachten, wie zwei oder mehr in einer Familie lebende Hunde miteinander kommunizieren und spielen. Da entstehen Sequenzen voller Zärtlichkeit und Vertrautheit, wie man sie sonst beim Spiel von Hunden auf der Hundewiese nicht beobachten wird. Auch das Austricksen und Ausspielen von Persönlichkeiten kann man gut erkennen. Wenn das Zusammenleben harmonisch abläuft, sind mehrere Hunde eine Bereicherung für alle.

GEWACHSENES VERTRAUEN

Treffen fremde Hunde auf einer Hundewiese aufeinander, muss zunächst einmal ausgelotet werden, in welcher Position man zueinander steht. Man kennt den anderen nicht, man kann ihn nicht wirklich einschätzen. Selbst Hunde, die sich bereits häufiger getroffen haben, aber eben nicht zusammenleben, können eine echte Vertrautheit nicht entwickeln, da sie sich in vielen sozialen Bereichen nicht erleben. Für eine intensive Beziehung und eine starke Bindung ist Nähe unbedingt notwendig. Man muss sich sicher fühlen, man muss den anderen verstehen und einschätzen können, nur so kann man sich selbst öffnen und damit gegebenenfalls auch Schwachstellen zeigen. Eine solche Vertrautheit kann daher auch unter Hunden nur im engen Verband entstehen. Hunde, die miteinander leben, wissen genau, wie weit sie beim Gegenüber gehen können, was erlaubt ist und was nicht. Durch kleine Gesten werden Grenzen abgesteckt, Beziehungen gefestigt und Positionen innerhalb der Gruppe deutlich gemacht.

Ein gewachsenes Hunderudel: Jamie (1 Jahr), Lilyen (2 Jahre) und Ginala (5 Jahre), die Mutter der beiden.

BEISPIEL AUS DER PRAXIS

In einem Rudel leben drei Labrador Retriever miteinander, ein Rüde im Alter von 7 Jahren, eine Hündin im Alter von 9 Jahren sowie eine Hündin im Alter von 3 Jahren. Der Rüde hat im Rudel die höchste Position. Da er von Welpe an mit der älteren Hündin aufgewachsen ist, sieht er diese als seine Partnerin an. Die ältere Hündin darf daher immer sehr nah bei ihm liegen, es findet häufig ein intensiver körperlicher Austausch statt. Die Hündin leckt dem Rüden z. B. intensiv die Ohren aus, knabbert in seinem Fell, im Anschluss daran beginnt der Rüde die Augen der Hündin zu säubern. Daraus entstehen spielerische Sequenzen, der Rüde umfasst sanft das Maul der Hündin, es entsteht ein wechselseitiges Spiel mit dem Maul, bei dem beide Hunde wohlige grunzende Geräusche von sich geben. Nach einiger Zeit endet das Spiel, beide entspannen sich. Die Hündin legt in der nun folgenden Ruhezeit den Kopf sowie den halben Oberkörper auf den Rücken des Rüden. Zu einem späteren Zeitpunkt nähert sich die junge Labradorhündin den beiden älteren Hunden. Der Rüde bemerkt dies, es reicht ein fixierender Blick, um die weitere Annäherung der jungen Hündin zu stoppen. Sie bleibt abwartend stehen, akzeptiert dann jedoch, dass ein naher Kontakt momentan nicht erwünscht ist und legt sich abseits der beiden Hunde ab. Sobald die Hündin sich abwendet, entspannt der Rüde sofort wieder.

In einer anderen Situation dagegen darf die junge Hündin sich annähern. Der Rüde bleibt entspannt liegen, sodass die junge Hündin sich mit Körperkontakt zu dem Rüden legt. Kleinste körpersprachliche Zeichen in der Kommunikation führen hier also jeweils dazu, dass die Strukturen des Rudels eingehalten werden.

Die beiden Hündinnen verstehen sich ebenfalls gut, die junge Hündin akzeptiert die höhere Stellung der älteren. Wie gut die beiden sich kennen, zeigt sich bei der Verteilung von Schweineohren. Alle Hunde ziehen sich sofort auf ihre jeweilige Liegestelle im Wohnzimmer zurück und kauen genüsslich. Die junge Hündin ist allerdings viel schneller fertig als die ältere, und so nähert sie sich ihr wie zufällig über den Boden schnüffelnd. Als die alte Hündin dies bemerkt, unterbricht sie das Fressen und fixiert die junge Hündin. Diese wendet den Blick ab und schlendert in eine andere Richtung. Es vergehen einige Sekunden, in denen die junge Hündin sich Richtung Wohnzimmertür begibt. Auf einmal schnellt ihr Kopf hoch und sie gibt ein lautes alarmierendes Bellen von sich, als würde Besuch vor der Tür stehen. Die alte Hündin, die sich für die Sicherung des Territoriums verantwortlich fühlt, springt sofort auf, lässt das Schweineohr liegen und rennt zur Haustür. Die junge Hündin lässt die alte überholen, dreht sich dann um und schnappt sich das liegen gebliebene Schweineohr. Pech gehabt! Wer eine Beute freigibt, hat keinen Anspruch mehr darauf.

Eins, zwei, drei ... Aufbau eines Hunderudels

Nehmen Sie zuerst einmal einen Hund bei sich auf und bauen Sie zu diesem eine gute Beziehung auf. Die Kommunikation zwischen Ihnen und Ihrem Hund sollte stimmen. Das heißt, erst wenn es keine Probleme im täglichen Umgang miteinander gibt, der Hund also Ihre Regeln im Zusammenleben akzeptiert und die Grunderziehung abgeschlossen ist, nehmen Sie den zweiten Hund hinzu.

Jetzt ist allerdings entscheidend, dass Sie auch die Erziehung des zweiten Hundes zum größten Teil übernehmen und sie nicht dem ersten Hund überlassen! Sie müssen also besonders im ersten Jahr viel getrennt mit den Hunden spazieren gehen und trainieren. Nur so haben Sie am Ende ein Rudel, in dem sich alle Hunde an Ihnen orientieren und mit dem Sie problemlos unterwegs sein können.

Haben Sie sich in beiden Fällen für einen Welpen entschieden, ist die Wahrscheinlichkeit, dass es größere Probleme gibt, gering. Bei erwachsenen Hunden bestehen oftmals bereits eingefahrene Verhaltensweisen, die mitunter bei der Zusammenführung mit einem anderen Hund zu Problemen führen können. Einem Welpen können Sie von Anfang an klar machen, dass es bestimmte Regeln gibt, die sie aufstellen und an die er sich halten muss. Der erwachsene Hund hat eventuell aber in seinem bisherigen Leben erfahren, dass er für die Klärung bestimmter Dinge selbst zuständig ist und wird sich daher nicht so einfach in ein Rudel einfügen.

Beagle-Rüde Duke versteht sich sofort mit dem kleinen Beaglewelpen.

Der Welpe akzeptiert sofort, wenn der erwachsene Duke Grenzen setzt.

DIE FAMILIENSTRUKTUR

Die Auswahl des zweiten Hundes wird also noch etwas schwieriger, da nicht mehr nur Ihre Bedürfnisse und Vorlieben beachtet werden müssen, sondern auch die des bereits vorhandenen Hundes. Zwar wird dieser auf einige Streicheleinheiten verzichten müssen, es sollten aber keine gravierenden Lebenseinschränkungen entstehen. Nur so ist ein entspanntes Zusammenleben möglich. An erster Stelle steht natürlich immer noch die Struktur der menschlichen Rudelmitglieder. Hier muss man nun die gleichen Überlegungen anstellen wie bei der Anschaffung des ersten Hundes.

Bei Josie lebt ein ganzes Rudel Alaskan Malamutes, sie unternimmt aber auch einzeln etwas mit ihnen.

ÜBERLEGUNGEN VOR DER ANSCHAFFUNG

BEZUGSPERSON

Wer wird sich mit dem neuen Hund hauptsächlich beschäftigen? Ist die Bezugsperson des ersten Hundes auch für den zweiten Hund zuständig oder gibt es eine Aufgabenteilung in der Familie? Wenn nur eine Person für die Betreuung zuständig ist, muss sie auch doppelt so viel Zeit haben! Kinder können keine Hauptbezugsperson für den Hund werden, da Kinder vom Hund nicht ernst genommen werden, wenn es um für den Hund wichtige Dinge geht (siehe S. 18). Hauptbezugsperson können nur Erwachsene sein.

FINANZIELLE UND RÄUMLICHE SITUATION

Gibt es Grenzen bezüglich der finanziellen oder räumlichen Situation? Ein kleiner Hund kostet weniger als ein großer Hund und benötigt z. B. im Auto auch weniger Platz. Wie sieht es mit der Erlaubnis zur Hundehaltung aus und wer nimmt die Hunde in Notfällen auf bzw. wie sieht die Urlaubsplanung mit mehreren Hunden aus?

Die hier aufgeführten Fragen sollten Sie sich ehrlich beantworten und genau überlegen, ob ein weiterer Hund aufgenommen werden kann oder nicht. Gerade der Zeitfaktor für zwei und mehr Hunde ist nicht zu unterschätzen.

VERTEILUNG DER AUFGABEN

Es ist möglich, dass sich nur eine Person mit der Ausbildung, Erziehung, Beschäftigung und Versorgung aller Hunde der Familie beschäftigt. Allerdings muss man hierbei bedenken, dass ein zweiter Hund doppelt so viel Arbeit bedeutet.

Der Hund soll sich ja nicht am bereits vorhandenen Hund orientieren, sondern an Ihnen. Daher ist es wichtig, gerade im ersten Jahr sehr viel mit ihm alleine zu unternehmen, sowohl in Bezug auf die Ausbildung als auch in Bezug auf gemeinsame Aktivitäten wie z. B. Spaziergänge, Ausflüge in die Stadt oder Ähnliches. Erst wenn sich der neue Hund an Ihnen orientiert, es also in keinem Lebensbereich mehr große Probleme gibt, können Sie entspannt auch mit beiden Hunden gleichzeitig spazieren gehen bzw. ein Training mit beiden Hunden gemeinsam aufbauen. Es ist hierbei nicht von Bedeutung, ob der Neuankömmling ein Welpe oder ein erwachsener Hund ist. Eine Orientierung und Vertrauensbildung des Hundes wird niemals innerhalb von ein bis zwei Wochen erfolgen, es sind immer mehrere Jahre nötig. Aber auch im weiteren Leben sollten Sie immer wieder einmal einzeln mit beiden Hunden unterwegs sein, nur so ist gewährleistet, dass sich beide Hunde auch weiterhin an Ihnen orientieren und sich die Beziehung der Hunde untereinander nicht verselbstständigt. Die Beziehung der beiden Hunde müssen Sie zudem immer im Blick haben, Sie müssen gegebenenfalls regulierend eingreifen und je nach Hund ein individuelles Training starten. Somit benötigen Sie für die Haltung von zwei Hunden eigentlich sogar mehr als doppelt so viel Zeit!

Josie auf dem gemeinsamen Spaziergang mit Nanook und der jüngeren Hündin Kiss. Mit mehreren Hunden muss man unterwegs viel aufmerksamer sein als mit nur einem Hund.

Bei zwei Hunden bietet es sich oft an, dass jeder Mensch für einen Hund zuständig ist. So hat jeder Hund seine eigene Bezugsperson.

BETREUUNG VON MEHREREN PERSONEN

Gerade im Hinblick auf den Zeitfaktor, jedoch auch beim Aufbau einer engen Beziehung ist es meist einfacher, die Hunde werden von unterschiedlichen Bezugspersonen ausgebildet. In einer Familie könnte z. B. der Mann die „Patenschaft" für den ersten Hund und die Frau die „Patenschaft" für den neuen Hund übernehmen. Man kann es aber auch davon abhängig machen, wer sich bisher überwiegend mit dem ersten Hund beschäftigt hat. Dieser ist dann weiterhin für den „alten" Hund zuständig, während der neue Hund vom Partner betreut wird.

In der Realität ist es allerdings häufiger der Fall, dass nur eine Person in der Familie für die Erziehung und Betreuung aller Hunde zuständig ist. Hier muss dann vorab überlegt werden, wie z. B. Spaziergänge erfolgen sollen. Können beide Hunde geführt werden oder geht man mit jedem Hund einzeln? Oft wünschen sich z. B. Kinder irgendwann einen eigenen Hund. Doch je nach Alter der Kinder wird die Erziehung und Versorgung des Hundes von der Mutter übernommen. Gerade bei Kindern muss dies auch erfolgen, da Hunde in Kindern keine erwachsenen Lebewesen sehen (siehe S. 18).

Ist ein Mensch mit zwei oder mehr Hunden unterwegs, erfordert dies mehr Aufmerksamkeit und Koordination von diesem.

BETREUUNG VON EINER PERSON

Übernimmt nur eine Person die Betreuung der Hunde, kommen neben der notwendigen Zeit noch weitere Faktoren hinzu, die bedacht werden müssen. Zwei große Hunde sind nicht so einfach zu führen wie ein großer Hund und können eventuell ein enormes Risiko darstellen. Generell sollte ein Mensch immer in der Lage sein, die von ihm geführten Hunde in jeder Situation sicher zu halten. Berechnet man die Zugkraft zweier mittelgroßer Hunde von ca. 25 kg, kommt bereits ein normalgewichtiger erwachsener Mensch von ca. 70 Kilogramm an seine Grenzen. Stürmen beide Hunde gleichzeitig mit voller Kraft los, weil sie z. B. auf der gegenüberliegenden Straßenseite die Katze des Nachbarn entdeckt haben, die vertrieben werden muss, wird der Mensch auf einmal eine große Kraft aufbringen müssen, um sie zu halten. Hinzu kommt, dass in der Regel ein größerer Spielraum durch die Leine vorhanden ist, die Hunde rennen also zunächst einmal ungebremst bis zum Leinenende, erst dann entsteht ein starker Ruck. Ein Schultergelenk wird da schnell in Mitleidenschaft gezogen und auch Verstauchungen der Wirbelsäule sind keine Seltenheit.

Der Hundeprofi im Einsatz:

Wie Hunde Kinder sehen

Hunde sehen Kinder nicht als erwachsene Lebewesen. Warum sollten sie sich also an Regeln halten, die ihnen ein erkennbar jüngeres Lebewesen gibt?

Verantwortung *Kleinkinder können bei der Versorgung des Hundes noch keine Hilfe sein, sie können keine Aufgaben übernehmen.*

Erlebnis *Man kann Kleinkinder gerade auf dem Spaziergang mit einbinden, indem man mit ihnen zusammen die Leine des Hundes hält und so den gemeinsamen Spaziergang zum Erlebnis macht.*

1 Kleinkinder

Sie werden von Hunden als Lebewesen angesehen, die sich in der Erziehungsphase befinden. Daher sollte man Kleinkind und Hund niemals miteinander alleine lassen. Der Hund könnte das Kind korrigieren, weil dies aus seiner Sicht erzieherisch notwendig ist, z. B. wenn das Kind nicht den vom Hund geforderten Individualabstand einhält. Hier ist es besonders wichtig, dem Hund von Anfang an klar zu machen, dass er sich um die Erziehung der Kinder nicht kümmern muss, diese Funktion übernehmen die Eltern. Diese müssen aber auch anwesend sein, um das Kind vom Hund wegzunehmen.

Kleine Aufgaben *Schulkinder können unter Anleitung und in Anwesenheit des Erwachsenen bereits mit in die Betreuung und Versorgung des Hundes eingebunden werden.*

Fellpflege, Fütterung oder die Durchführung einfacher Übungen sind hervorragend geeignet.

2 Schulkinder

Sie sind bereits in der Lage, gewisse Regeln im Umgang mit dem Hund zu erlernen und einzuhalten und können bei der Versorgung des Hundes mithelfen, ihn z. B. unter Anleitung der Mutter bürsten oder ihm das Futter hinstellen. Auch kleine Übungen können Schulkinder mit dem Hund durchführen, der Hund sollte die Signale jedoch bereits erlernt haben.

3 Jugendliche

Erst mit Beginn der Pubertät wird ein Hund beginnen, einen Jugendlichen „ernst" zu nehmen, das heißt, erst in diesem Alter kann Verantwortung für einen Hund übernommen werden. Viele Teenager haben Freude am Training mit dem Hund, gerade im sportlichen Bereich wie z. B. im Agility. Dies endet allerdings häufig, wenn sich mit der Pubertät die Interessen verschieben oder sich die Lebenslage durch Studium oder beginnende Berufsausbildung verändert. Dann obliegt meist der Mutter die weitere Versorgung.

KOSTEN MEHRERER HUNDE

Mit jedem weiteren Hund erhöhen sich die laufenden Kosten. Es muss mehr Futter gekauft werden, Leinen, Halsbänder, Körbchen und Spielzeug müssen in mehrfacher Ausführung vorhanden sein. Die Grunderziehung des Hundes sowie eine eventuelle weiterführende Beschäftigung in einer Hundeschule müssen bezahlt werden.

HAFTPFLICHTVERSICHERUNG

Haftpflichtversicherungen bieten oft einen Rabatt bei der Haltung mehrerer Hunde, hier lohnt sich ein Vergleich der Angebote. Sogenannte Zwinger-Haftpflichtversicherungen bieten z. B. die Möglichkeit, bis zu vier Hunde für einen Beitrag, mit dem Sie ansonsten gerade mal 1,5 Einzelhunde versichern würden, anzumelden.

Die Kosten für einen großen oder kleinen Hund variieren kaum. Nur in Bezug auf Futter wird man mit weniger rechnen müssen, alle weiteren Ausgaben sind i.d.R. von der Größe unabhängig.

HUNDESTEUER

Die Hundesteuer steigt in vielen Gemeinden proportional zur Anzahl der gehaltenen Hunde. Kostet ein Hund z. B. ca. 60 € im Jahr, kosten zwei Hunde oftmals direkt 100 € pro Hund, also 200 € im Jahr. Beim dritten Hund werden dann oft wieder zwischen 50 bis 100 % mehr pro Hund veranschlagt, gerade in großen Städten ist inzwischen eine Hundesteuer von über 200 € pro Hund bei der Haltung von drei oder mehr Hunden üblich. Damit sind Sie bei drei Hunden schnell bei einer Steuer, mit der Sie sechs bis sieben Einzelhunde halten könnten! Erkundigen Sie sich zudem, ob Ihr Hund auf einer speziellen Rasseliste geführt wird. Je nach Bundesland wird für einige Rassen eine erhöhte Steuer, die sogenannte Kampfhundesteuer, erhoben. Auch wenn aus kynologischer Sicht eine solche Rasseliste keinen Sinn macht, da die Gefährlichkeit eines Hundes niemals nur aufgrund seiner Rassezugehörigkeit festgelegt werden kann, dürfen Städte und Gemeinden je nach der bestehenden Gesetzeslage im jeweiligen Bundesland für solche Hunde eine stark erhöhte Steuer verlangen. Diese kann für einen Hund bei 1.000 € liegen.

RÜCKLAGEN FÜR NOTFÄLLE

Zudem müssen größere Rücklagen für eventuelle Notfälle vorhanden sein, denn notwendige Operationen können auch beim Hund schnell in den vierstelligen Bereich gehen. Mehrere Hunde beschäftigen sich zudem miteinander, da wird wild getobt und gerangelt, vielleicht muss der eine oder andere Hund auch einmal auf Distanz gehalten werden und es kommt zu einer – zwar harmlosen – Auseinandersetzung, deren Folgen jedoch schnell ein kleiner Riss im Fell oder eine Verstauchung bzw. Muskelzerrung sein können. Tierarztkosten steigen in der Regel daher ebenfalls mit der Anzahl der gehaltenen Hunde an.

Kosten für ein und zwei Hunde

Einmalige Anschaffungskosten	
Kaufpreis Hund: (je nachdem, ob der Hund z. B. aus dem Tierschutz oder von einem anerkannten Rassehundezüchter stammt)	**250 € – 2.000 €**
Halsband:	**15 €**
Geschirr:	**20 €**
Leine:	**15 €**
Spielzeug:	**20 €**
Pflegezubehör (z. B. Bürste):	**20 €**
Körbchen:	**100 €**
Box (für den Welpen bzw. das Auto):	**200 €**
Ausbildungsgegenstände: (z. B. Pfeife)	**100 €**
Gesamtkosten Anschaffung:	**740 € – 2.490 €**
Kosten für Training und Ausbildung	
Hundeschule (4-mal / Monat):	**ca. 50 – 100 €**
Zudem eventuelle Teilnahme an Prüfungen	
Regelmäßige Kosten / Monat für einen Hund	
Haftpflichtversicherung:	**ca. 5 €**
Steuer:	**ca. 5 €**
Tierarzt (Impfen / Entwurmen):	**ca. 10 €**
Futter inklusive Leckerchen / Kauartikel: (bei einem mittelgroßen Hund)	**ca. 50 €**
Gesamtkosten / Monat:	**ca. 70 €**
Gesamtkosten / Jahr:	**ca. 840 €**
Gesamtkosten in 12 Jahren:	**ca. 10.080 €**
Regelmäßige Kosten / Monat für zwei Hunde	
Haftpflichtversicherung:	**ca. 10 €**
Steuer:	**ca. 15 €**
Tierarzt (z. B. Impfen, Entwurmen):	**ca. 20 €**
Futter, inkl. Kauartikel:	**ca. 100 €**
Gesamtkosten:	**ca. 145 €**
Gesamtkosten / Jahr:	**ca. 1.740 €**
Gesamtkosten in 12 Jahren:	**ca. 20.880 €**

Auch wenn manche Hunde gern kuscheln, sollte für jeden Hund eine Liegestelle vorhanden sein.

PLATZBEDARF

Natürlich muss man für die Mehrhundehaltung – so wie generell für die Hundehaltung – nicht unbedingt ein großes Haus mit Garten besitzen, denn der Wohnbereich stellt auch im Hunderudel die Ruhezone dar. Hier können sowohl Mensch und Hund als auch mehrere Hunde miteinander entspannen, körperliche Pflegemaßnahmen oder Aktivitäten von geringer Dynamik durchführen. Dynamische Spiele und Aktivitäten finden im Außenbereich, also entweder im Garten oder aber auf dem Spaziergang statt. Andererseits benötigen zwei Hunde zwei Liegeplätze, die auch Rückzugsmöglichkeiten vor dem jeweils anderen Hund bieten sollten, womit auch in Bezug auf die Wohnung vor der Anschaffung des Zweithundes eine sorgfältige Planung stattfinden sollte.

WOHNSITUATION

Gerade in Mietwohnungen ist Tierhaltung oftmals ein Grund für Streitigkeiten. Ist die Haltung eines Hundes häufig erlaubt, sieht es bei zwei oder gar mehreren Hunden schnell anders aus. Mehr Hunde machen mehr Dreck, sind eine größere Lärmbelästigung und für Mitmenschen, welche die Begeisterung für diese Tierart nicht teilen, lästig oder sogar bedrohlich. Ob eine Mehrhundehaltung daher erlaubt ist oder nicht, entscheidet heutzutage im Ernstfall das Gericht. So kann ein Nachbar nach § 906 BGB die Unterlassung von Geräuschbeeinträchtigungen verlangen, wenn z. B. im Falle der Hundehaltung das Bellen eine „wesentliche" Beeinträchtigung und nicht „ortsüblich" ist. Die „ortsübliche Hundehaltung" hängt dabei von der jeweiligen Umgebung ab. Es wird unterschieden, ob es sich um reine Wohngebiete oder um Mischgebiete mit Gewerbebetrieben handelt. In einem reinen Wohngebiet

WICHTIG

Rücksichtnahme

Die Rücksichtnahme, die generell jeder Hundehalter gegenüber seinen Mitmenschen ausüben sollte, ist als Mehrhundehalter, vor allem als Halter mit mehr als zwei Hunden, insbesondere zu beachten. Läuft ein unerzogener Hund auf einen Menschen zu, kann dies noch nett wirken. Stürmen aber zwei oder mehrere Hunde in Richtung eines Passanten, ist Ärger vorprogrammiert. Daher sollten Mehrhundehalter insbesondere in Bezug auf die Erziehung, aber auch zum Beispiel auf die Entsorgung der Hinterlassenschaften ihrer Hunde vermehrt Wert legen.

wird z. B. die Haltung von mehr als zwei Hunden nicht mehr als üblich angesehen. Die ortsübliche Haltung von zwei Hunden trifft allerdings nur dann zu, wenn die Hunde im Haus und nicht auf dem Gelände in einem Zwinger gehalten werden. Zudem ist diese Grenze keine starre Grenze, in einer landwirtschaftlich geprägten Gegend, in welcher durch weitere Tiere Lärm-Emissionen zu erwarten sind, sieht es z. B. wieder ganz anders aus. Die Entscheidungen des Gerichtes werden also immer individuell ausfallen, weshalb man es gar nicht erst bis zu einer gerichtlichen Auseinandersetzung kommen lassen sollte. Sie sollten sich auch einmal in Ihrem privaten Umfeld umhören. Dürfen Sie Ihren Hund bei Besuchen von Verwandten und Bekannten problemlos mitnehmen, kann dies bei zwei oder mehreren Hunden ganz anders aussehen. Hier endet oft die Toleranz vieler Menschen und Sie müssen sich die Frage stellen, inwieweit Sie bereit sind, Ihre Hunde alleine zu Hause zu lassen oder aber Freundschaften nicht mehr so intensiv zu pflegen.

Nicht alle Hunde können direkt nebeneinander fressen. Damit es nicht zu unnötigen Auseinandersetzungen kommt, sollten die Hunde in diesem Fall räumlich voneinander getrennt sein. Der Mensch bleibt dabei mittig stehen und überwacht die Fütterung.

UNTERBRINGUNG IM NOTFALL

Welche Unterbringungsmöglichkeiten gibt es für die Hunde in einem Notfall oder bei einer Urlaubsplanung ohne Hunde? Gibt es Personen, die alle Hunde aufnehmen oder kennt man genügend Menschen, die die Hunde einzeln aufnehmen? Für einen Hund findet sich meistens schnell ein Urlaubsplatz. Man hat als Hundehalter in der Regel Kontakt zu anderen Hundehaltern und für viele Menschen, die lediglich einen Hund halten, ist die vorübergehende Aufnahme eines Gasthundes eine willkommene Abwechslung im Hundealltag. Oftmals werden nach einem solchen Gastaufenthalt Gedanken an die Anschaffung eines Zweithundes erst einmal ad acta gelegt, denn gerade dann wird vielen wirklich klar, wie einfach das Leben doch mit dem einen eigenen Hund ist, und wie viel mehr Zeit und Kraft es für die Haltung von zwei Hunden bedarf. Zwei oder mehr Hunde nimmt jedoch selten jemand auf, und so müssen Sie entweder mehrere Personen haben, die Zeit und Lust haben, einen Ihrer Hunde aufzunehmen, oder nach Alternativen schauen. Natürlich können Sie Ihren Hund in einer Hundepension abgeben, es gibt in letzter Zeit immer mehr Angebote kleiner Hundepensionen, in welchen die Hunde nicht in Zwingeranlagen untergebracht sind, sondern im Haus mit Familienanschluss leben. Hundepensionen kosten pro Hund jedoch ca. 20 € / Tag, sodass ein zweiwöchiger Urlaub schnell mit zusätzlichen Kosten von ca. 280 € zu Buche schlägt. Rabatte gibt es selten, sodass die Kosten bei zwei Hunden bei ca. 560 €, bei vier Hunden bereits bei über 1.000 € liegen! Das ist häufig mehr, als der eigentliche Urlaub kostet. Zudem nehmen diese Pensionen oftmals nur einen Hund zur Betreuung auf.

URLAUB MIT HUND(EN)

Und wohin kann man in den Urlaub mit mehreren Hunden fahren? Ein Hund ist in vielen Hotels und Ferienhäusern in der Regel ein gern gesehener Gast, sollen jedoch zwei oder gar noch mehr Hunde mitreisen, ist das in vielen Fällen nicht möglich. Sind sie erlaubt, ist oftmals ein zusätzlicher Kostenbeitrag vorgeschrieben, der bei mehreren Hunden schnell die eigentlichen Mietkosten übersteigt. Zudem muss bei der Urlaubsplanung auch der Platz im Auto bedacht werden. Sitzen Ihre beiden Hunde hinten im Kofferraum in ihrer Box, müssen Sie überlegen, wo das Gepäck untergebracht werden soll. Hier bleibt in der Regel kaum eine andere Lösung als eine Dachgepäckbox, die jedoch zum einen nicht gerade billig ist, zum anderen einen erhöhten Spritverbrauch zur Folge hat. Ihre beiden Hunde brauchen jedoch so viel Platz in ihrer Box, dass sie sich ausgestreckt hinlegen können. Zudem sollte ein Wechsel der Position möglich sein, ohne dem anderen Hund dabei direkt auf die Rute zu treten. Auch Flugreisen mit Hund werden bei mehreren Hunden oft sehr teuer bis unmöglich, da die Anzahl mitreisender Hunde im Fahrgast- oder auch Gepäckraum oftmals beschränkt ist.

IDEALER ZEITPUNKT EINES ZWEITHUNDES

Den idealen Zeitpunkt für einen weiteren Hund kann man natürlich nicht genau an einem Datum festmachen. Doch bevor ein neuer Hund hinzukommt, sollte grundsätzlich die Beziehung des bereits in der Familie vorhandenen Hundes zu seinen Menschen völlig geklärt sein. Das heißt, Ihr Hund orientiert sich an Ihnen und vertraut Ihnen. Er akzeptiert die Position des Menschen, der das Rudel leitet und befolgt gewisse Regeln im Familienverband.

Da ein Hund sich in den ersten drei Jahren immer noch in der Entwicklung zum erwachsenen Hund befindet und diese Entwicklung je nach Rasse erst mit ca. drei Jahren vollständig abgeschlossen ist, kann das Verhältnis Mensch/Hund vor diesem Zeitpunkt niemals wirklich geklärt sein. Der Hund wird aufgrund seiner Entwicklung immer wieder das bestehende Verhältnis in Frage stellen, so wie ein Teenager testet er in der Jugendzeit immer wieder seine Grenzen aus. Somit ist in diesem Zeitraum ein intensives Arbeiten an der Beziehung notwendig. Daher sollten Sie in der Regel einen neuen Hund erst dann anschaffen, wenn Ihr erster Hund mindestens drei bis vier Jahre alt ist. Natürlich ist das auch von der Rasse abhängig, davon wie viel Erfahrung Sie mit Hunden haben und vor allem auch, wie viel Zeit Sie für jeden einzelnen Hund aufbringen können und wollen. Allerdings werden sich auch die möglichen Probleme der Hunde untereinander deutlich reduzieren, wenn der Altersunterschied zwischen ihnen so groß ist, dass sich die Hunde jeweils in einem anderen Lebensabschnitt befinden (siehe S. 61).

Mit einem Hund eine Urlaubsunterkunft zu finden, ist mittlerweile nicht mehr schwer. Bei zwei oder sogar mehr Hunden muss man meist etwas länger suchen, bis eine passende Unterkunft gefunden ist.

Ist man mit zwei Hunden unterwegs, sollte wenigstens einer problemlos frei laufen können. So kann man sich auf den Hund konzentrieren, der noch an der Schleppleine geführt werden muss.

ERST VORHANDENE PROBLEME LÖSEN

Mit drei bis vier Jahren sollten alle Probleme im Großen und Ganzen gelöst sein, oder Sie sollten zumindest damit leben können! Man kann sich vorstellen, dass es nahezu unmöglich wird, zwei Hunde vom Jagen oder von einem Angriff abzurufen, wenn man bei einem Hund schon kaum eine Chance hat. Die Hunde aber haben zu zweit noch mehr Möglichkeiten, ihr Vorhaben erfolgreich umzusetzen, da man die „Beute" oder das „Opfer" viel besser umstellen und angreifen kann. Ein Spaziergang mit einem Hund an der Schleppleine, um ihn vom Jagen abzuhalten, ist für viele Menschen bereits ein großer Aufwand. Ständig muss die Schleppleine auf- und abgewickelt werden, damit der Hund nicht aus vollem Lauf in diese knallt. Lebt man in einer waldreichen Gegend, verwickelt sich die Schleppleine gerne immer wieder um jeden am Wegesrand stehenden Busch oder Baum und muss mühevoll entwirrt werden. Bei Regenwetter ist am Ende nicht nur die Leine verdreckt, sondern zusätzlich sämtliche mit der Leine in Berührung gekommene Kleidungsstücke. Zudem ist Eigenschutz ein wichtiges Stichwort: Hat man die Leine nicht ständig im Blick, ist die Gefahr, sich Brandverletzungen an Beinen oder Händen zu holen oder durch eine am Boden liegende

Schlaufe beim Losstürmen des Hundes von den Beinen gerissen zu werden, groß. Und nun stellen Sie sich einen solchen Spaziergang mit zwei jagdlich motivierten Hunden, die beide an der Schleppleine geführt werden müssen, vor ... Verknotete Leinen und Unfälle sind vorprogrammiert!

ORIENTIERUNG AM ERSTHUND

Ein zweiter Hund löst zu keinem Zeitpunkt Probleme. Auf gar keinen Fall sollten Sie sich einen zweiten Hund anschaffen, wenn Sie mit dem ersten unzufrieden sind, weil er z. B. jagen geht, Hunde an der Leine anbellt, Menschen attackiert oder Ähnliches, denn ein zweiter Hund ändert daran gar nichts.

Der zweite Hund wird sich eher am ersten Hund orientieren. Natürliche Verhaltensweisen wie z. B. Jagdstrategien lernen Hunde hervorragend durch Beobachten. Ist Ihr Hund also ein versierter Jäger, besteht die Gefahr, dass – falls Ihr Zweithund eine ähnliche Veranlagung in Bezug auf das Jagdverhalten mitbringt – er dieses Verhalten ebenfalls übernehmen wird, wenn Sie ihm die Möglichkeit geben, dies zu beobachten. Zudem erkennt ein Hund, wenn die Beziehung zwischen Ihnen und Ihrem Ersthund nicht zu Ihren Gunsten geklärt ist. Wenn Ihr Ersthund der Meinung ist, dass er im Familienverband für bestimmte Aufgaben wie z. B. das Abchecken von Besuchern mit der daraus folgenden Entscheidung, wer das Haus betreten darf und wer nicht, zuständig ist, wird Ihr Zweithund relativ schnell zu der Überzeugung kommen, dass Sie diese Aufgabe anscheinend nicht selbst übernehmen können und ebenfalls das Abchecken des Besuchs übernehmen. Und schnell haben Sie zwei Hunde, mit denen Sie unzufrieden sind, und das ist weder für Sie und Ihren Ersthund schön, noch für den Neuzugang. Deshalb sollten Sie einen zweiten Hund erst hinzunehmen, wenn Sie mit Ihrem Ersthund zufrieden sind, es also keine großen Probleme mehr gibt. So lernt der Neuzugang gleich, dass Sie das Rudel anführen, Entscheidungen treffen und für die Sicherheit des Rudels verantwortlich sind. Er lernt, dass man Menschen respektiert und nicht korrigiert.

Beagle sind Meutehunde – wenn zwei Beagle gemeinsam unterwegs sind, haben sie oft nur eines im Sinn – jagen! Der Welpe orientiert sich dabei schnell am erwachsenen Hund.

Beagle Duke ist ein gutes Vorbild für den kleinen Welpen. Er führt Signale sicher und sofort aus.

Lilyen korrigiert den frechen Beaglewelpen, als dieser einfach auf ihr herumklettern will.

HILFE BEI DER ERZIEHUNG

Ein gut erzogener Ersthund kann auch ohne Bedenken z. B. als Miterzieher des zweiten Hundes eingesetzt werden. So wird der Zweithund schon einiges allein über das Beobachten des anderen Hundes lernen. Vor allem Welpen orientieren sich stark an einem älteren Hund, folgen diesem beim Rückruf oder setzen sich häufig auch automatisch hin, wenn man dem älteren Hund das Signal „Sitz" gibt. Natürlich ersetzt das nicht die Erziehung des Zweithundes – auch mit ihm muss man regelmäßig üben und ihm alles Gewünschte beibringen. Beim Spaziergang kann der ältere Hund gerade für den Welpen Vorbild sein. Unbekannte Gegenstände wie z. B. Mülltonnen, die am Tag vorher noch nicht dort standen, sind gleich nur halb so gefährlich, wenn der erwachsene Hund vollkommen gelassen daran vorbeigeht. Achten Sie aber darauf, dass Sie solche Situationen auch mit Ihrem Welpen alleine meistern, damit er sich nicht ausschließlich an Ihrem Ersthund orientiert. Er muss eigene Erfahrungen machen und daraus lernen, nur so kann er zu einem selbstsicheren und souveränen Hund heranwachsen. Zudem kann gerade in Bezug auf einen Welpen der Kontakt mit anderen Hunden schwierig werden. Denn Welpen müssen nicht nur erzogen, sie müssen auch beschützt werden, und so stürmt der erwachsene Hund, der bislang mit fremden Hunden keine Probleme hatte, oftmals aggressiv auf andere Hunde zu und verhindert einen Kontakt des fremden Hundes mit dem Welpen. Der Welpe stellt sich gerne hinter den Althund und überlässt diesem die Regelung. So wird er aber keine eigenen Erfahrungen machen können und im Verhalten gegenüber anderen Hunden eher unsicher bleiben.

Welpen müssen eigene Erfahrungen machen, auch im Kontakt mit fremden Hunden. Diese sollten gut sozialisiert und sicher im Umgang mit anderen Hunden sein. Lilyen ignoriert einfach den Welpen.

KONTAKT ZU ANDEREN HUNDEN

Hunde lernen durch die Mehrhundehaltung, wie sie mit ihren Artgenossen kommunizieren müssen. Was sonst nur durch den Besuch der Welpengruppe oder der Hundespielgruppe begrenzt möglich ist, kann hier bis ins Detail tagtäglich ausprobiert, geübt und angewendet werden. Somit hat der Hund bei einem gut sozialisierten Rudel ideale Bedingungen, die arteigene Sprache zu erlernen, um diese dann auch extern sicher einsetzen zu können. Das soll natürlich jetzt nicht heißen, dass bei der Aufnahme eines Welpen in ein Rudel der Besuch einer Welpengruppe überflüssig wird, die Erfahrungen mit Gleichaltrigen sind gerade im Welpenalter wichtig. Dies gilt insbesondere dann, wenn der Halter lediglich Hunde einer Rasse oder Rassegruppe hält. Der Welpe muss lernen, dass Hunde anderer Rassen anders kommunizieren, nur so kann er andere Hunde einschätzen und mit ihnen auch ohne Probleme agieren.

Je mehr Hunde es werden, desto schwieriger gestaltet sich das Zusammenleben. Dies gilt insbesondere dann, wenn es viele unterschiedliche Rassen, Größen und Bedürfnisse gibt.

PLÖTZLICH SIND ES VIELE!

Entsprechend den bisherigen Überlegungen werden die Problematik und die Bewältigung eventuell entstehender Schwierigkeiten mit zunehmender Anzahl der Hunde immer größer. Je mehr Hunde im Haushalt leben, desto mehr Hunde müssen versorgt, ausgebildet und in Notzeiten oder im Urlaub untergebracht werden. Finanzielle, räumliche und körperliche Bedingungen erhöhen sich um ein Vielfaches zur Anzahl der Hunde. Natürlich wird auch die Auswahl der zueinander passenden Hunde schwieriger. Keiner der Hunde darf so eingeschränkt sein, dass die Lebensqualität unter dem Zuwachs deutlich leidet. Natürlich wird es auch Einschränkungen geben, diese sollten jedoch nicht gravierend sein und durch Vorteile wie z. B. größere innerartliche Kommunikation ausgeglichen werden.

Hat man eine gute Struktur aufgebaut, ist ein Spaziergang auch mit drei Hunden ein schönes Erlebnis.

ZWEI HÄNDE FÜR DREI HUNDE?!

Der Übergang von zwei zu drei Hunden ist hierbei von entscheidender Bedeutung. Sie haben nun einmal nur zwei Seiten, an denen Sie Hunde führen können. Somit wird klar, dass das Handling bei drei Hunden schwieriger wird, da Sie nun mindestens auf einer Seite zwei Hunde führen müssen. Sie können nun nicht mehr jeden Hund eindeutig einzeln ansprechen oder korrigieren.

BEZIEHUNGSEBENEN

Je mehr Hunde es werden, desto schwieriger wird neben dem Handling auch das Beziehungsgeflecht. Je mehr Mitglieder ein Rudel hat, desto größer wird die Anzahl der Beziehungen. Die Menge der Beziehungsebenen berechnet sich nach der mathematischen Formel: n x (n - 1), (vgl. auch Beckmann, 2000). Das heißt, wenn ein Rudel aus zwei Mitgliedern besteht, gibt es zwei Beziehungsebenen: 2 x (2 - 1) = 2. Bei drei Mitgliedern gibt es dann schon sechs Beziehungsebenen: 3 x (3 - 1) = 6. Bei sechs Mitgliedern hat man dann schon 6 x (6 - 1) = 30 Beziehungsebenen. Diese ganzen Beziehungen muss der Mensch überblicken und einsortieren können, dabei ist es egal, ob es sich bei den Mitgliedern um Hunde oder Menschen handelt.

MEIN TIPP

Vorüberlegung

Hat man genügend Zeit und hält man einige Regeln ein, spricht nichts dagegen, auch drei oder mehr Hunde zu halten. Doch als Familie – z. B. mit drei Kindern – sollte man genau darüber nachdenken, ob ein Einzelhund nicht ausreichend ist.

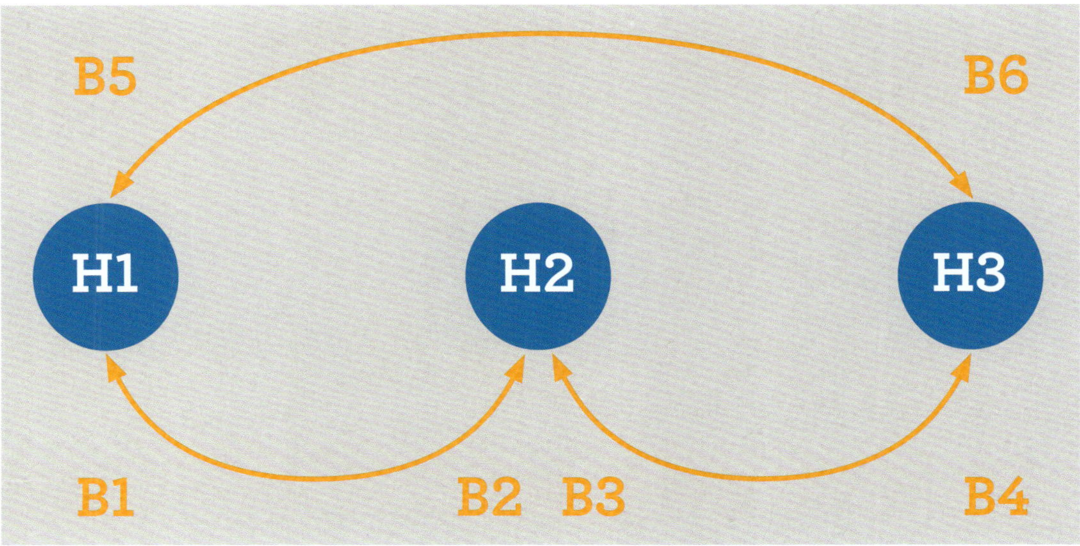

Leben drei Hunde in einem Rudel miteinander, so ergeben sich 6 unterschiedliche Beziehungen zwischen den Hunden, die der Mensch als Leiter des Rudels überblicken muss.

Partnerwahl

Die Wahl des Zweithundes entscheidet, ob das Zusammenleben harmonisch wird, oder für alle Beteiligten Stress bedeutet. Hier sind einige Punkte zu beachten.

Bevor es an die Überlegungen geht, welcher Hund denn nun am besten zu dem bereits vorhandenen Hund passt, muss man sich erst einmal die Frage stellen, ob der erste Hund überhaupt mit einem weiteren Hund vergesellschaftet werden kann. Nicht alle Hunde empfinden die Anwesenheit eines weiteren Hundes als etwas Positives, und gerade wenn es Aggressionsprobleme in Bezug auf Artgenossen gibt, sollte die Frage nach dem Zweithund genau überlegt sein. Sicherlich ist es möglich, zwei Hunde zu halten, die im Grunde genommen nebeneinander her leben. Wird der Alltag aufgrund von unlösbaren Abneigungen der Hunde untereinander aber zu einem täglichen Spießrutenlauf, ist dieser Zustand für keinen tragbar. Ein Leben in ständiger Anspannung, bei dem alle aufpassen müssen, keinen falschen Schritt zu machen, kann keine Dauerlösung sein. Damit es gar nicht so weit kommt, ist die richtige Passung wichtig.

Obwohl die Leavitt Bulldogge Millie und die französische Bulldogge Ronja unterschiedliche Größen haben, passen sie gut zueinander. Beide sind vom Charakter her eher robuste, körperliche Hunde, mit ähnlichen Interessen und gleichen körpersprachlichen Eigenschaften.

Eignungstest: Glücklich zu zweit?!

Steht die Überlegung zur Anschaffung eines zweiten Hundes im Raum, sollten Sie sich zunächst einmal die folgenden Fragen stellen:

- Wie reagiert Ihr Hund bei der Begegnung mit Artgenossen auf dem Spaziergang?
- Ist Ihr Hund eher gesellig und startet mit jedem Hund ein Rennspiel, oder aber ignoriert er seine Artgenossen in der Regel und geht lieber seinen eigenen Dingen nach?
- Gibt es aggressive Kontakte mit anderen Hunden und können Sie den Grund für die Aggressivität ausmachen?
- Handelt es sich bei aggressiven Kontakten z. B. immer um Rüden, die Ihr eigener Rüde als Konkurrenz ansieht, mit Hündinnen ist er aber immer charmant und freundlich?

Ein Hund, der territoriale Aggression am Gartenzaun zeigt, muss nicht zwingend Einzelhund bleiben.

Wenn Sie Ihren Hund genau beobachten, erhalten Sie durch seinen Umgang mit Artgenossen viele Hinweise, ob die Anschaffung eines Zweithundes generell möglich wäre, bzw. welche Aspekte Sie bei der Auswahl im Auge behalten sollten.

Wie reagiert Ihr Hund bei der Begegnung mit Artgenossen im eigenen Territorium? Ein Hund, der noch so freudig jeden anderen Hund auf dem Spaziergang begrüßt, kann sich im eigenen Territorium, also in Haus und Garten der Familie, ganz anders verhalten! Hier wird unter Umständen der Liegeplatz vehement verteidigt und Spielzeug sowie Fressen werden auch nicht selbstverständlich geteilt. Laden Sie sich also vor dem Kauf des Zweithundes doch einmal die besten Kumpel Ihres Hundes zusammen mit deren Haltern in Ihr Haus ein. So lernen Sie Ihren Hund unter Umständen ganz neu kennen.

NICHT GERN ALLEIN

Selbst wenn zwei Hunde nicht wirklich eine intensive Beziehung miteinander haben, bleibt ihnen dennoch in Zeiten, in denen die Hunde ohne den Menschen alleine zu Hause warten müssen, die Anwesenheit des Artgenossen. Muss ein Hund tagsüber vom Menschen für einige Zeit alleine gelassen werden, ist er bei der Mehrhundehaltung zumindest nicht vom ganzen

Testen Sie vor der Anschaffung eines Zweithundes aus, wie Ihr Hund in unterschiedlichen Situationen auf fremde Hunde reagiert.

Rudel getrennt. Für den Hund als Rudeltier ist das Alleinlassen eines Rudelmitgliedes eher eine Ausgrenzung, die normalerweise nicht vorkommt. So hat er zumindest noch ein Rudelmitglied bei sich, fühlt sich also nicht vollkommen abgesondert. Jedoch sollte man auch zwei oder mehrere Hunde nicht länger als vier Stunden am Tag alleine lassen. Wer ganztägig berufstätig ist und seine Hunde nicht mit zur Arbeit nehmen kann oder keine andere Person hat, die sich um die Hunde kümmert, sollte den Hunden zuliebe auf die Haltung verzichten. Die Wohnung ist für den Hund die Ruhezone. Aktivitäten finden in der Regel draußen statt. So können auch zwei Hunde, die den ganzen Tag ohne ihren Menschen zu Hause verbringen, einsam sein. Die Gesellschaft eines Hundes ersetzt in diesem Fall nicht die gemeinsame Beschäftigung des Menschen mit seinen Hunden.

Schafft man sich allerdings einen zweiten Hund an, wenn der erste Hund bereits gut alleine bleiben kann, hat man einige Vorteile in Bezug auf das Training des Alleinbleibens. Der zweite Hund wird in der Regel schneller lernen, ohne den Menschen zu Hause zu bleiben, da er ja noch seinen Artgenossen bei sich hat. Trainieren Sie in diesem Fall aber dennoch das Alleinbleiben beider Hunde ohne den jeweils anderen Artgenossen. Es kann immer einmal der Fall eintreten, dass Sie nur einen Hund mitnehmen können. Einer der Hunde könnte auch aufgrund eines Unfalls plötzlich sterben, sodass der andere Hund dann von heute auf morgen ganz alleine bleiben muss.

Hunde, die in Abwesenheit des Menschen Dinge zerstören, müssen das Alleinbleiben in kleinen Schritten lernen. Die Anschaffung eines Zweithundes hilft hier in den seltensten Fällen.

BEISPIEL AUS DER PRAXIS

Die vierjährige Labradorhündin Amy der Familie Giesen kann nicht gut alleine bleiben. Das war bisher auch nicht notwendig, denn Frau Giesen war nicht berufstätig. Doch seit einem Monat muss Amy an 4 Tagen in der Woche etwa 5 Stunden alleine bleiben, da Frau Giesen wieder in ihren alten Beruf eingestiegen ist. Nachdem Herr Giesen das Haus verlassen hat, wartet Frau Giesen gemeinsam mit den Töchtern auf den Schulbus. Dann möchte auch sie das Haus verlassen. Schon während sie die Schuhe anzieht, läuft Amy aufgeregt hinter ihr her. Sie springt um sie herum, hechelt und winselt. Frau Giesen gibt Amy zum Abschied einige Leckerlis, so kann sie, ohne dass Amy sie verfolgt, das Haus verlassen. Amy widmet sich zunächst dem Futter, leider hält die Ruhe nicht an. Die Nachbarn haben sich inzwischen beschwert, denn es dauert keine halbe Stunde, und Amy fängt an zu bellen. Zwar gibt es immer wieder kurze Pausen, jedoch bellt Amy so lange, bis Frau Giesen wieder zurückkommt. Schon beim Aussteigen aus dem Auto kann sie ihren Hund hören. Betritt sie dann das Haus, ist Amy außer sich vor Freude. Sie kommt sofort angeschossen, springt an ihr hoch und umkreist sie laut bellend. Auch hat Amy meist etwas angestellt. Einmal hat sie die Mülltonne geöffnet und alle Reste in der Wohnung verteilt, auch die Einrichtung hat bereits stark gelitten.

LÖSUNGSVERSUCH: Familie Giesen hat von einer Bekannten gehört, dass Hunde nicht alleine sein sollten, da sie Rudeltiere sind. Da die Anschaffung eines zweiten Hundes immer schon im Raum stand, ist die Entscheidung schnell gefallen: Eine Hundefreundin für Amy soll es sein. Nach kurzer Suche ist der passende Zweithund gefunden: Ella, eine 9 Monate alte Labrador-Schäferhund-Hündin. Ella ist bereits stubenrein und kann laut Aussage ihrer Vorbesitzer 4–6 Stunden alleine bleiben. Ein gemeinsamer Spaziergang mit Amy und Ella zeigt, dass beide Hündinnen sich prima verstehen. Frau Giesen hat sich ein paar Tage Urlaub genommen, damit Ella sich in Ruhe eingewöhnen kann. Sie lässt beide Hunde auch für eine kurze Zeit alleine. Dies funktioniert hervorragend. Nach einer Woche muss Frau Giesen das erste Mal wieder zur Arbeit.

Amy merkt, dass die Bürokleidung angezogen wird und wird merklich aufgeregt. Frau Giesen verabschiedet sich von den beiden Hunden, streut ein paar Futterbrocken aus und verlässt die Wohnung. Die Überraschung, als sie mittags heimkehrt, ist groß. Sie hört nun beide Hunde in voller Lautstärke bellen. In der Wohnung erwartet sie ein Chaos, die Hunde sind offensichtlich über Tisch und Bänke gesprungen.

ANALYSE: Was war schief gegangen? Amy hatte nie gelernt, alleine zu bleiben. Dies war auch nicht notwendig, doch berufliche oder familiäre Situationen verändern sich, Notfälle treten ein, sodass es immer einmal im Leben eines Hundes notwendig werden kann, dass er für einige Stunden problemlos alleine bleibt. Dies ist nicht nur wichtig, um die Einrichtung und die Nerven der Nachbarn zu schonen, auch der Hund leidet in dieser Situation, er hat großen Stress.

MEIN TIPP

Alleinbleiben beim Welpen

Beginnen Sie immer von klein an, mit Ihrem Hund das Alleinbleiben zu trainieren. Anfangs reicht es, wenn der Welpe in einem anderen Zimmer bleiben muss, später verlassen Sie kurz das Haus, um z. B. die Mülltonnen an die Straße zu stellen. Steigern Sie dann die Zeit, in der Ihr Welpe alleine bleiben muss in kleinen Schritten, anfangs reichen wenige Minuten, die Sie dann zu einer Viertelstunde, einer halben Stunde, dann einer Stunde ausweiten können. Lassen Sie auch später Ihren Hund immer wieder einmal bewusst zu Hause, damit er das Alleinbleiben nicht verlernt.

TRAINING: Amy muss in kleinen Schritten lernen, alleine zu bleiben. Frau Giesen baut dazu zunächst einmal die Schlüsselreize ab. Da Amy mit der Bürokleidung das gefürchtete Alleinbleiben verbindet, muss Frau Giesen diese nun zu den ungewöhnlichsten Zeiten anziehen, das Haus aber nicht verlassen. Wenn sie das Haus verlässt, darf sie sich nicht von Amy verabschieden, denn sonst würde sie die Hündin auf die bevorstehende Zeit des Alleinbleibens hinweisen. Auch Leckerli werden zum Abschied nicht mehr verstreut. Frau Giesen verlässt Amy nun mehrmals am Tag, am Anfang aber immer nur für einige Minuten. Diese Übung wird bis zu 30-mal am Tag wiederholt.

Im Haus bekommt Amy ein Körbchen zugewiesen, bisher durfte sie immer mit der Familie auf dem Sofa liegen. Dabei lag sie meistens auf den Füßen von Frau Giesen. Amy soll aber nun auch in der Wohnung nicht immer in der Nähe von Frau Giesen sein. Daher lernt sie, im Körbchen liegen zu bleiben, wenn Frau Giesen ihr das Signal „Bleib“ gibt. Nach zwei Wochen ist Amy so weit, dass sie ohne Probleme eine halbe Stunde alleine bleiben kann. Frau Giesen beginnt nun, die Zeit auszuweiten. Bevor sie Amy alleine lässt, wird diese eine Zeit lang mit Apportier- und Suchspielen beschäftigt. Wieder zurück, wartet Frau Giesen noch eine Viertelstunde, bis Amy zur Ruhe gekommen ist. Dann verlässt sie das Haus. Schritt für Schritt wird nun die Zeit gesteigert. Kommt Frau Giesen zurück, wird Amy zunächst einmal ignoriert. Frau Giesen räumt die Einkäufe weg, macht sich einen Kaffee und widmet sich erst dann Amy. Innerhalb von zwei Monaten ist die Hündin so weit, dass sie fünf Stunden alleine bleiben kann. Da Ella keine Probleme mit dem Alleinbleiben hatte und in das gesamte Training mit einbezogen wurde, macht auch sie keine Probleme mehr und darf bei der Familie bleiben.

Der Hundeprofi im Einsatz:

Nicht gern allein

Trennungsangst – der Hund hat nie gelernt, alleine zu bleiben.

1 Symptome

- Beginn der Symptome direkt nach dem Alleinlassen
- Winseln, Jammern und Heulen
- Hecheln und Zittern
- Türen werden zerkratzt

2 Weitere Hinweise

- Der Hund kann mit einer anderen Person alleine bleiben, es kann sich dabei auch um eine fremde Person handeln.
- Der Hund kann im Auto oder in einem anderen Haus ebenfalls nicht alleine bleiben.
- Der Hund entfernt sich bei Spaziergängen in der Regel nicht sehr weit vom Menschen.
- Bei der Begrüßung wird der Mensch in beschwichtigender Haltung begrüßt, die Ohren sind angelegt, die Maulwinkel nach hinten gezogen, der Hund kann dabei am Menschen vorsichtig hochklettern.

Heulen *Beim Heulen nimmt der Hund den Kopf in den Nacken und ruft lauthals nach seiner Familie.*

3 Training

- Das Alleinbleiben in winzigen Schritten aufbauen.
- Schlüsselreize abbauen.
- Der Hund darf in der Trainingsphase nie länger alleine gelassen werden, als er es bereits gelernt hat, da sonst große Rückschritte erfolgen.
- Den Hund körperlich und geistig beschäftigen, damit er in Zeiten des Alleinbleibens ausgelastet ist und ein Ruhebedürfnis hat.

Kontrollverlust – der Hund fühlt sich für den Menschen verantwortlich, er will ihn kontrollieren und ist frustriert, dass er dieser Aufgabe nicht nachgehen kann.

1 Symptome

- Beginn der Symptome nach kurzer Zeit (etwa 30 Minuten)
- Lautes Bellen
- Zerstörung von Möbeln

Kontrolle *Steht der Hund auch dann wartend an der Tür, obwohl eine Person anwesend ist und ihn betreut, kann dies ein Zeichen für Kontrollverlust sein.*

2 Weitere Hinweise

- Der Hund kann mit einer anderen Person nicht alleine bleiben. Auch wenn andere Familienmitglieder im Haus sind, ist der Hund nicht entspannt, wenn er die Person, für die er sich verantwortlich fühlt, nicht kontrollieren kann.
- Der Hund kann im Auto in der Regel alleine bleiben.
- Der Hund entfernt sich bei Spaziergängen häufig sehr weit vom Menschen. Ruft dieser, kommt er jedoch oftmals sofort angelaufen, da er sich ja verantwortlich für die Person fühlt.
- Bei der Begrüßung wird der Mensch korrigierend angesprungen. Der Hund nimmt dabei häufig Anlauf und springt mit beiden Vorderpfoten gegen den Menschen.

3 Training

- Das Alleinbleiben in kleinen Schritten aufbauen.
- Schlüsselreize abbauen.
- Der Hund darf in der Trainingsphase nie länger alleine gelassen werden, als er es bereits gelernt hat, da sonst Rückschritte erfolgen können.
- Der Hund muss lernen, die Verantwortung abzugeben. Dazu müssen Strukturen in der Mensch-Hund-Beziehung geschaffen werden. Hierzu können z. B. das Einhalten fester Liegeplätze sowie das Ignorieren des Hundes gehören.
- Den Hund körperlich und geistig beschäftigen, damit er in Zeiten des Alleinbleibens ausgelastet ist und ein Ruhebedürfnis hat.

Das Geschlecht: Von Zicken und Machos

Damit später nicht unnötig Konflikte entstehen und es im schlimmsten Fall zur Trennung von einem Rudelmitglied kommt, sollten Sie den neuen Hund sehr sorgfältig auswählen. Es ist besser, Sie lassen sich für die Suche so viel Zeit wie nötig, um ein passendes Rudelmitglied zu finden, auch wenn dadurch ein ganzes Jahr vergeht. Schlimmer ist, sich wieder von einem der Hunde zu trennen, oder ein Hundeleben lang in einer für alle Beteiligten unharmonischen und stressigen Situation zu leben.

WER PASST ZU WEM?

Zunächst einmal sollten Sie sich über das Geschlecht des neuen Familienmitglieds Gedanken machen. Bei zwei Hunden gibt es drei Kombinationen (Rüde/Hündin, Rüde/Rüde, Hündin/Hündin), wobei sich die Möglichkeiten noch erweitern, wenn einer oder beide Hunde kastriert sind, da sich dann die sexuelle Beziehung der Hunde verändern kann. Bei mehr als zwei Hunden gelten grundsätzlich die gleichen Überlegungen, jedoch wird hier das Beziehungsgeflecht, das bedacht werden muss, natürlich mit steigender Anzahl der Hunde immer komplizierter.

Generell gibt es zwei Varianten: Entweder man wählt einen gleichgeschlechtlichen Partner oder man stellt ein Hundepärchen – also Rüde und Hündin – zusammen.

GLEICHGESCHLECHTLICHE PARTNER

Im ersten Fall ist zwar die Kommunikation der Hunde untereinander nur auf bestimmte Bereiche begrenzt, denn die sexuelle Komponente bleibt ja außen vor. Jedoch sind meistens die extern entstehenden Probleme geringer. Es entsteht keine Pärchenbildung mit verteilter Aufgabenzuweisung und auch sexuelle Konflikte können weitestgehend vermieden werden. Intern kann es jedoch beim Streit um die Position im Rudel zu großen Konflikten kommen. Greift der Mensch hier nicht rechtzeitig regulierend ein, kann dies zu so großen Streitigkeiten der Hunde untereinander führen, dass eine Haltung beider Hunde unmöglich wird. Dies gilt insbesondere bei sehr selbstständigen Rassen (siehe S. 42).

Zwei Rhodesian Ridgeback-Rüden im gleichen Alter sind eine enorme Aufgabe.

Louie (links) würde gut zu Ginala (rechts) passen. Bei der Haltung dieser beiden Hunde würden voraussichtlich keine großen Probleme entstehen.

Rassen, die hingegen seit Jahren auf die soziale Zusammenarbeit mit dem Menschen gezüchtet wurden (wie z. B. der Golden oder Labrador Retriever), und auch die sogenannten Gesellschaftsrassen, bei denen Verträglichkeit mit dem Menschen aber auch mit Artgenossen mit das wichtigste Kriterium in der Zuchtselektion war, sind in ihrem Sozialverhalten oft eher naiv. Konkurrenz in Bezug auf die Rudelposition spielt hier meistens keine große Rolle.

DAS HUNDEPÄRCHEN

Hält man dagegen Rüde und Hündin, sind große interne Probleme in der Regel bei allen Rassen nicht vorhanden. Natürlich kann es auch hier einen handfesten Streit z. B. um Futter geben, allerdings wird dieser selten bis aufs Blut ausgetragen, da Rüde und Hündin durch ihre verschiedenen natürlichen Aufgaben und Interessen selten miteinander in direkter Konkurrenz stehen. Extern jedoch können die Probleme gravierend zunehmen. Der Rüde, der andere Rüden als Konkurrenz ansieht, wird zusammen mit „seiner" Hündin nicht unbedingt entspannter reagieren. Ist die Hündin dabei nicht kastriert, potenzieren sich diese Probleme zu Zeiten der Läufigkeit der Hündin um ein Vielfaches. Spaziergänge werden dann schnell zu einem Spießrutenlauf, und auch territoriale Probleme können sich verstärken. Auch eine Hündin ist in Anwesenheit „ihres" Rüden gerade anderen Hündinnen gegenüber oft nicht entspannt und reagiert mit aggressivem Verhalten.

UMFELD UND RASSEZUGEHÖRIGKEIT

Für welche Variante man sich entscheidet, hängt damit sowohl vom Wohnumfeld als auch von der eigenen Erfahrung bzw. der Rasse ab, die man halten möchte. Lassen sich externe Probleme noch relativ gut umgehen, wenn man auf dem Land wohnt, kann man mitten in einer Großstadt Hundekontakte kaum vermeiden. In diesem Fall wäre ein gleichgeschlechtlicher Partner von Vorteil. Dabei sind mögliche Probleme geringer, wenn es sich um zwei Hündinnen handelt. Rüden betrachten fremde Rüden auch außerhalb ihres Territoriums häufig als Konkurrenz, und da sind sich zwei Rüden dann schnell einig: Der fremde Kerl muss vertrieben werden. Zwei Hündinnen jedoch sind, gerade wenn es sich dabei um Rassen mit großem sozialem Rudelinstinkt handelt, häufig offen für neue Kontakte außerhalb der eigenen Wohnung. Interne Probleme entstehen dagegen eher bei sehr selbstständigen Rassen wie z. B. den Herdenschutzhunden oder bei Rassen mit einem starken territorialen Bedürfnis wie es z. B. beim Deutschen Schäferhund oder dem Hovawart vorkommt. Hier muss der Mensch von Anfang an besonders darauf achten, das Rudel zu lenken und zu leiten. Ist der Mensch dazu nicht in der Lage und sind interne Probleme erst einmal vorhanden, muss im schlimmsten Fall über die Abgabe eines Hundes nachgedacht werden. Bei solchen Rassen sollte man daher eher über die Anschaffung eines gegengeschlechtlichen Partners nachdenken.

Der Hovawart neigt zu selbstständigem Handeln. Hier muss der Mensch das Rudel genau leiten.

INDIVIDUALISTEN

Jeder Hund muss auch individuell betrachtet werden: So gibt es etwa Hündinnen, die in ihrem Status so hoch stehen, dass sie keine anderen Hündinnen neben sich akzeptieren. Hier würde es zu ständigen Streitereien kommen, die absolut ernst gemeint sind. Ernsthafte und schwere Verletzungen sind daher nicht ausgeschlossen. Mit einem Rüden dagegen funktioniert eine gemeinsame Haltung sehr gut. Dieser wird charmant um den Finger gewickelt, er macht letztendlich genau das, was die Hündin bestimmt. Genauso kann es bei einem unkastrierten, sexuell dominanten Rüden Probleme bei der Haltung eines zweiten Rüden geben. Anders als bei der Hündin hilft hier zwar oft die Kastration des jungen Rüden noch vor der Geschlechtsreife, sodass dieser erst gar keine sexuelle Konkurrenz werden kann. Da jedoch eine Kastration immer auch Auswirkungen auf die körperliche und geistige Entwicklung eines Hundes hat, ist eine Kastration vor der Geschlechtsreife immer sehr kritisch zu sehen (siehe S. 53).

RÜDE – RÜDE

Die Kombination Rüde/Rüde ist häufig ohne große Probleme möglich, besonders wenn der neue Rüde noch nicht erwachsen ist, da der vorhandene ältere Rüde die Vaterrolle übernimmt. Dennoch kann es auch hier zu Streitigkeiten kommen. Diese allerdings entstehen im Gegensatz zur Haltung zweier Hündinnen meist erst nach zwei oder drei Jahren, wenn der junge Rüde erwachsen wird. Unter Rüden wird immer wieder einmal die Rangfolge ausdiskutiert, dies erfolgt mit sogenannten „Kommentkämpfen". Das sind ritualisierte Kämpfe mit genau festgelegten Verhaltensweisen, wodurch ernsthafte Verletzungen vermieden werden. Schließlich soll mit Hilfe dieser Kämpfe lediglich die Rudelstruktur festgelegt werden, das Rudel soll nicht durch den Ausfall eines Mitgliedes geschwächt werden. Solche Kämpfe sind gekennzeichnet durch übertriebene Gestik, Mimik und lautstarke Äußerungen. Sicherlich kann es auch hier zu kleineren Verletzungen kommen, diese geschehen jedoch in der Regel unbeabsichtigt.

Ein ernsthafter Kampf dagegen ist auf möglichst schnelle, zielgerichtete Verletzung ausgelegt. Hier kommt es darauf an, den Gegner so schnell wie möglich an lebenswichtigen Stellen zu verletzen. Ein Kampf, der auf Beschädigung abzielt, wird daher eher geräuschlos vonstattengehen.

Hält man zwei Rüden einer territorialen Rasse wie z. B. dem Rhodesian Ridgeback im gleichen Alter, bedeutet das fast immer die Gefahr vieler sehr körperlicher Streitereien.

Die Theorie, dass Rüdenkämpfe nie ernsthafte Beschädigungskämpfe sind, stimmt allerdings nur bedingt. Sie trifft nämlich nur für den Fall zu, dass sich fremde Rüden außerhalb ihres häuslichen Territoriums und täglichen Spaziergebietes begegnen. Innerhalb des eigenen Territoriums und wenn es um für den jeweiligen Hund wichtige Streitobjekte (wie z. B. Ball, Knochen oder Ähnliches) geht, können diese Kämpfe genauso ernst wie die von Hündinnen sein. Häufig sind die Beziehungen von Rüden untereinander jedoch eher entspannt. Auch wenn das ein oder andere Mal in Streitsituationen etwas gegrummelt wird, kann man partnerschaftliches Verhalten wie z. B. Ohrenauslecken beobachten. Der Mensch muss in diesem Fall lediglich beachten, welcher der beiden Rüden gerade die ranghöhere Position innehat bzw. welches Privileg dem jeweiligen Rüden wichtig ist.

HÜNDIN – HÜNDIN

Auch die Kombination Hündin/Hündin kann gut funktionieren. Die Gefahr besteht hier allerdings darin, dass es bei Problemen häufig nicht nur um Rangordnungsauseinandersetzungen geht, sondern ernsthafte Beschädigungskämpfe ausgetragen werden. Hier geht es um das Recht sich fortzupflanzen, geschlechtsreif zu sein, Welpen bekommen zu dürfen. Da eine Hündin nicht so wie ein Rüde das ganze Jahr fortpflanzungsbereit ist, spielt es dabei in den meisten Fällen kaum eine Rolle, ob die Hündin kastriert ist oder nicht. Eine kastrierte Hündin befindet sich für die anderen Hunde im Zustand der hormonell inaktiven Phase. Zwar kann es kurz vor, während oder nach einer Läufigkeit zu vermehrten Auseinandersetzungen unter den Hündinnen kommen, generell sind Auseinandersetzungen jedoch auch bei kastrierten Hündinnen jederzeit möglich, da eine Läufigkeit aus Sicht der anderen Hündin ja immer bevorstehen könnte. Man sollte also genau beobachten, wie sich der Status der Hunde entwickelt, wenn man mehrere Hündinnen zusammen hält.

STATUSENTWICKLUNG DER HÜNDINNEN

Wann kommt eine junge Hündin in ihre erste Hitze?

Der Zeitpunkt der Geschlechtsreife unterscheidet sich zunächst einmal je nachdem um welche Rasse es sich handelt. Kleine Rassen wie z. B. der Jack Russel Terrier werden in der Regel früher geschlechtsreif als größere Rassen wie der Deutsche Schäferhund. Durchleben Jack Russel Terrier-Hündinnen ihre erste Hitze durchaus mit 5–6 Monaten, ist es für Deutsche Schäferhunde vollkommen normal, erst zwischen dem achten und zwölften Lebensmonat zum ersten Mal läufig zu werden. Kommt eine Hündin nun also sehr viel früher oder aber sehr viel später in die Geschlechtsreife als es für ihre Rasse üblich ist, lässt dies Aussagen über ihre sexuelle Disposition zu. Wird eine Hündin einer großen Rasse schon mit 5–6 Monaten das erste Mal läufig, muss man die weitere Entwicklung genau beobachten. Diese frühreifen Hündinnen entwickeln oft eine starke sexuelle Disposition, die sich in gesteigertem aggressivem Verhalten äußern kann. Andererseits kann es aber durchaus auch vorkommen, dass eine Hündin erst mit 14 Monaten bis hin zu ihrem zweiten Lebensjahr oder später das erste Mal läufig wird. Dies trifft häufig auf Hündinnen in einem Rudel zu, die eine eher rangniedrige Position einnehmen. Genauso kann aber auch die erste Läufigkeit einer Hündin durch den Beginn der Läufigkeit der ranghöheren älteren Hündin im Rudel ausgelöst werden.

Gaia (8 Jahre) und Arjuna (4 Jahre) verstehen sich gut miteinander, da sie ein Mutter-Tochter-Verhältnis aufgebaut haben.

Beispiel: Eine Familie hält zwei Deutsch Drahthaar-Hündinnen. Die ältere Hündin ist 4 Jahre alt, sie wird alle 6 Monate läufig. Die jüngere Hündin ist 9 Monate alt, bislang gab es noch keine Anzeichen einer kommenden Läufigkeit. Als nun die ältere Hündin in ihrem gewohnten Abstand läufig wird, beginnt die jüngere Hündin plötzlich auch vermehrt zu markieren und auf Spaziergängen an Urinmarkierungen anderer Hunde zu schnüffeln. Eine Woche nach Beginn der Läufigkeit der älteren Hündin wird die junge Hündin nun ebenfalls läufig.

Behütet eine Hündin während oder kurz nach der Läufigkeit Stofftiere, kann eine Scheinträchtigkeit vorliegen. Hier sollte man die Stofftiere entfernen und den Hund artgerecht auslasten.

Welche der Hündinnen wird als erste heiß? Ziehen die anderen Hündinnen mit ihrer Hitze nach? Wird eine der Hündinnen scheinschwanger?

Im Rudel gibt sehr häufig die ranghöchste Hündin den Zeitpunkt der beginnenden Läufigkeit vor. Einige Tage später ziehen die rangniedrigen Hündinnen mit ihrer Läufigkeit nach. Dies hat durchaus biologisch sinnvolle Gründe. Durch die gemeinsamen Läufigkeiten ist es den Hündinnen möglich, später einmal eventuell geborene Welpen gemeinsam zu versorgen. Da alle Hündinnen nach dem Eisprung in der Läufigkeit in etwa den gleichen hormonellen Prozess durchlaufen (siehe S. 49), egal, ob sie gedeckt wurden oder nicht, können auch Hündinnen, die keine Welpen geboren haben, Milcheinschuss bekommen. Diese sogenannte Scheinschwangerschaft bzw. Scheinmutterschaft ist biologisch sinnvoll, denn so wird eine durchgehende Versorgung der Welpen auch in Notzeiten gewährleistet. In der Tat berichten Züchter einiger Rassen wie dem Pudel oder dem Golden Retriever, dass die Welpen einer Hündin auch von der älteren oder jüngeren mit im Rudel lebenden Hündin versorgt werden.

Eine Scheinschwangerschaft oder auch die daraus folgende Scheinmutterschaft ist daher zunächst einmal bei Hunden nicht besorgniserregend, sondern ein vollkommen natürliches Verhalten. Problematisch wird dieser Zustand jedoch dann, wenn es gar keine Welpen zu versorgen gibt, sodass die Hündin ihr Brutpflegebedürfnis an Spielzeugen auslebt. Dieser Zustand ist nicht nur psychologisch belastend für die Hündin, es kann z. B. durch Entzündungen der Milchdrüsen auch physisch problematisch werden. Daher sollte in einem solchen Fall zum einen der Hündin keine Möglichkeit gegeben werden, ihr Bedürfnis auszuleben, indem keine Spielzeuge frei zur Verfügung herumliegen. Zudem sollte die Hündin ausreichend geistig und körperlich beschäftigt werden. Jegliche Manipulation der Brustdrüsen (Kühlen durch kalte Umschläge oder Ähnliches) sollte unterlassen werden, da diese Anwendungen stimulierend wirken und so die Milchproduktion eher noch angeregt wird. Bei starken Anzeichen einer Scheinmutterschaft sollte daher immer eine tierärztliche Behandlung erfolgen.

Unterdrückt eine Hündin eventuell sogar die Hitze? Das Ausbleiben der Läufigkeit kann viele verschiedene Gründe haben. Zum einen können physiologische Gründe Ursache für das Ausbleiben sein. Hier spielen zum Beispiel Funktionsstörungen der Eierstöcke und der Gebärmutter eine Rolle, aber auch die Verabreichung von Cortison über einen langen Zeitraum kann einen Einfluss auf den Zyklus der Hündin haben. Genauso wie beim Menschen ist neben physiologischen Gründen aber auch Stress eine mögliche Ursache. Dabei kann es sich z. B. um Stress durch einen Umzug, durch das Hinzukommen oder aber auch das Scheiden eines Rudelmitgliedes handeln. Eine Hündin kann bei starkem Stress auch eine gerade begonnene Läufigkeit abbrechen. Züchter kennen dieses Problem, wenn eine Hündin gedeckt werden soll. Nach ständigen tierärztlichen Untersuchungen erfolgt nach der Freigabe durch den Tierarzt die Reise zum weit entfernten Deckrüden. Dort angekommen zeigt der Rüde kein Interesse, eine weitere Untersuchung ergibt, dass die Läufigkeit abgebrochen wurde. Hier kann schon die Reise Auslöser gewesen sein. Genauso wie der Zeitpunkt der ersten Läufigkeit wird eine solche Läufigkeitsunterbrechung natürlich nicht bewusst von der Hündin ausgelöst. Vielmehr spielen hier viele körperliche Prozesse eine Rolle, die dann zu dem entsprechenden Verhalten führen.

WICHTIG

Welpenschutz

Das Alter des neuen Hundes ist bei Hündinnen besonders zu beachten, denn sie wenden sich gegebenenfalls auch massiv und lebensbedrohlich gegen fremde Welpen. Einen generellen Welpenschutz gibt es nicht, er besteht immer nur in Bezug auf die eigenen Welpen bzw. die Welpen des Rudels. Daher kann eine Hündin einen fremden Welpen unter Umständen sogar töten.

ZÜCHTEN – JA ODER NEIN?

„Eine Hündin sollte einmal Welpen haben!" Dieser Satz taucht immer wieder einmal auf, wenn man den Gesprächen unter Hundehaltern zuhört. Wie aus dem nachfolgenden Infokasten ersichtlich, durchläuft jede Hündin in ihrem Zyklus in etwa den gleichen hormonellen Prozess, egal ob sie trächtig ist oder nicht. Die Annahme, dass die Trächtigkeit einer Hündin das Risiko von Krankheiten minimiert oder Auswirkungen auf unerwünschtes Verhalten hat, kann daher als Aberglaube betrachtet werden, für diese Thesen gibt es keine wissenschaftlichen Grundlagen! Auch das zukünftige Auftreten ausgeprägter Scheinschwangerschaften wird durch eine Trächtigkeit nicht beeinflusst.

Einen Zuchteinsatz sollte man sich genau überlegen, denn Zucht bedeutet Auflagen der Hündin erfüllen, einen Zwinger anmelden, den geeigneten Rüden finden, geeignete Familien für die Welpen und vieles mehr. Zudem müssen sich Züchter genau überlegen, mit welcher Hündin sie züchten. Eine rangniedrige Hündin wird eventuell Stress im Rudel bekommen, wenn sie Welpen hat. Grundsätzlich ist daher von der Rangordnung her zunächst nur die ranghöchste Hündin mit Sicherheit unproblematisch für die Zucht, denn ihr steht es vom Rang her zu, sich fortzupflanzen. Ob mit einer rangniedrigen Hündin gezüchtet werden kann, ohne dass es zu Streitigkeiten im Rudel oder einer psychischen Belastung für diese Hündin kommt, kann nur im Einzelfall geprüft werden. Hierbei spielen Faktoren wie die Rasse, individuelle Beziehungen der Hunde untereinander und auch die Orientierung der Hunde in Bezug auf den Menschen eine Rolle.

Züchten bedeutet in erster Linie viel Arbeit und Sachverstand. Achten Sie beim Kauf immer darauf, einen seriösen Züchter auszuwählen (z. B. über den Verband für das Deutsche Hundewesen).

Phasen der Läufigkeit

Prä-Proöstrus

Dauer:	Körperliche Veränderungen:	Verhalten:	Hormonelle Veränderungen:
1–3 Wochen	In der Regel nicht eindeutig identifizierbar, da es keine visuell sichtbaren Veränderungen gibt.	Einige Rüden zeigen in dieser Phase bereits ein gesteigertes Interesse, auf welches die Hündin in der Regel aber mit defensiver Aggression reagiert.	Ansteigen der basalen Ostradiolkonzentration. Erhöhung der Frequenz der Ausschüttung von pulsatilem LH (luteinisierendes Hormon) und FSH (follikel-stimulierendes Hormon)

Pro-Östrus

Dauer:	Körperliche Veränderungen:	Verhalten:	Hormonelle Veränderungen:
3–9 Tage	Auftreten von blutigem Ausfluss. Anschwellen der Vulva. Im weiteren Verlauf weiteres Anschwellen der Vulva sowie Abnehmen des blutigen Ausflusses.	Rüden zeigen deutliches Interesse an der Hündin. Sichere Deckrüden wissen aber, dass die Hündin noch nicht deckbereit ist und vollziehen daher keine Deckversuche!	Zu Beginn steigende, dann konstant hohe und gegen Ende wieder sinkende Östradiolkonzentration. Die Bildung von Progesteron steigt durch die Luteinisierung der Follikel im Übergang zum Östrus langsam an.

Östrus (Standhitze)

Dauer:	Körperliche Veränderungen:	Verhalten:	Hormonelle Veränderungen:
3–9 Tage	Farbveränderung des Ausflusses von blutig zu klar. Schwellung der Vulva geht leicht zurück.	Die Hündin ist deckbereit. Wird sie im Bereich des Rutenansatzes berührt, zeigt sie eine Krümmung der Wirbelsäule sowie den Rutenstellreflex. Der Rüde reitet auf und wird die Hündin decken.	Die Östradiolsekretion sinkt, dies ist der Auslöser für den präovulatorischen LH-Peak zu Beginn des Östrus. 24–48 Stunden nach dem LH-Peak kommt es zum Anstieg der Progesteronkonzentration im Blut von Werten <1 ng/ml bis zu Werten >20 ng/ml. Bei einem Wert von >8 ng/ml kann man davon ausgehen, dass die Ovulation stattgefunden hat.

Diöstrus (Metöstrus) / Gravidität (Beginn 7 Tage nach der Ovulation)

Dauer:	Körperliche Veränderungen:	Verhalten:	Hormonelle Veränderungen:
Bei tragenden Hündinnen: 59–63 Tage Bei nicht-tragenden Hündinnen: 80–90 Tage	Vulva schwillt ab. Kein Ausfluss mehr vorhanden.	Die Hündin akzeptiert sexuelle Annährung durch den Rüden nicht mehr. Gegen Mitte bis Ende der Phase zeigt sie Nestbauverhalten sowie Gesäugeanbildung mit Milcheinschuss.	Sinkender Progesteronwert. Steigende Prolaktinkonzentration. Bei trächtigen Hündinnen steigt der Relaxinwert ab dem 21. Tag.

Anöstrus (Beginn mit Sinken des Progesteronwertes auf < 1 ng/ml oder bei der trächtigen Hündin mit Beendigung der Laktation)

Dauer:	Körperliche Veränderungen:	Verhalten:	Hormonelle Veränderungen:
variabel, 15–265 Tage	keine	kein auffälliges sexuelles Verhalten	Konstant niedrige Konzentration von LH

Kommt ein Welpe zu einer älteren Hündin dazu, muss man in den ersten Wochen aufpassen, denn Welpenschutz existiert nur im eigenen Rudel.

MUTTER-TOCHTER-VERHÄLTNIS

Verstehen sich Hündinnen gut, dann hält dies meist dauerhaft. Es entsteht oft ein Mutter-Tochter-Verhältnis, bei dem ernsthafte Schwierigkeiten kaum vorkommen. Übernimmt die Althündin die Mutterrolle im Familienverband und akzeptiert die neue Hündin die Tochterrolle, hat man kaum Probleme. Auch wenn die Hündinnen älter werden, wird die Althündin häufig weiterhin von der jungen Hündin als ranghöher akzeptiert, die Rudelordnung verändert sich oftmals nicht, auch wenn die junge Hündin – mit Zustimmung der Althündin – einige Aufgaben der Rudelchefin übernimmt. Entscheidet man sich jedoch dazu, eine bereits erwachsene Hündin aufzunehmen, ist Vorsicht geboten. Sind beide Hündinnen selbstbewusst und vom Entwicklungsstand in Bezug auf das Alter her sehr nahe beieinander, kann es zu Kämpfen bis aufs Blut kommen. In einem Rudel ist kein Platz für zwei gleichberechtigte Hündinnen, daher sollte man es generell auch nicht zu Kämpfen zwischen zwei Hündinnen kommen lassen. Hier sollte der Mensch sofort einschreiten, denn Hündinnen einigen sich meistens nicht über Kommentkämpfe. Durch den Kampf zweier Hündinnen wird in der Regel keine Rangordnung aufgestellt, es entstehen oftmals Feindschaften, die ein Leben lang andauern. Dazu zählen natürlich nicht die erzieherischen Korrekturmaßnahmen der „Mutterhündin"!

Extern wird man mit zwei Hündinnen in der Regel kaum Probleme haben, da diese meistens kontaktfreudiger und offener gegenüber fremden Artgenossen sind als Rüden. Im eigenen Territorium werden fremde Hunde jedoch häufig strikt vertrieben. Das eigene Revier, welches die Welpenaufzucht und das Überleben des Rudels garantiert, wird von zwei Hündinnen oft vehement verteidigt.

RÜDE – HÜNDIN

Hält man einen Rüden und eine Hündin, also ein Hundepärchen, kann dies für die Hunde eine große Bereicherung darstellen. Es kann eine starke Bindung an den Partner entstehen, die den Hunden enorme Möglichkeiten in der innerartlichen Kommunikation und im Umgang miteinander bietet. Auch ohne dass es zu einem Deckakt, also dem endgültigen Ausleben von Sexualität kommt, können die Hunde ihre Partnerschaft ausleben. Neben partnerschaftlichem Komfortverhalten wie Auslecken der Ohren, Säubern der Augen und Knabbern im Fell kann der Rüde die Zugehörigkeit zu „seiner" Hündin durch Übermarkieren von Stellen, an denen die Hündin uriniert hat, zeigen. Er kann anhand von Genitalwittern mit Hilfe des vomeronasalen Organs den Status der Hündin prüfen. Auch die Hündin zeigt die starke Bindung an ihren Partner häufig durch gemeinsames enges Kontaktliegen, indem sie oft nicht nur den Kopf, sondern fast den ganzen Körper auf „ihren" Rüden legt.

Allerdings kann es außerhalb des Hauses größere Probleme geben, da nun die Begegnung mit gleichgeschlechtlichen fremden Hunden als Begegnung mit Konkurrenten ausgelegt werden kann. So können Auseinandersetzungen wirklich ernsthaften Charakter annehmen. Der Rüde, der normalerweise mit anderen Rüden nur kleinere Scharmützel austragen würde, hat nun eine Hündin an seiner Seite, die er verteidigen muss. Er muss sein Recht auf alleinige Partnerschaft sehr deutlich machen, notfalls mit dem Ausschalten des Konkurrenten. Auch die territoriale Komponente nimmt häufig zu, was besonders auffällig

Hündin und Rüde verstehen sich in der Regel gut miteinander, auch wenn sie unterschiedlichen Rassen angehören.

wird, wenn sich beide Hunde im Garten aufhalten. Hier werden mögliche Eindringlinge energisch verbellt und vertrieben, jeder am Gartenzaun entlang laufende Artgenosse wird als Störung in Bezug auf das kleine Rudel angesehen. In diesem Fall übernimmt dann in der Regel die Hündin die Führung, sie beginnt damit, Alarm zu schlagen und schickt „ihren" Rüden nach vorne, um die Angelegenheit an vorderster Front zu klären.

VERMEIDUNG VON NACHWUCHS

Möchten Sie ein Hundepärchen halten, müssen Sie sich natürlich die Frage stellen, ob bzw. welchen der beiden Hunde Sie kastrieren, da sonst das Zusammenleben für beide Hunde in Zeiten der Hitze der Hündin eventuell sehr stressig wird. Der Rüde möchte seine Hündin decken, darf aber nicht – zumindest nicht bei jeder Läufigkeit. Man kann sich vorstellen, dass es zu großer aufgestauter Frustration kommen kann, die sich dann in anderen Problemen äußert. Die Hunde sind nach außen oft aggressiver, es kann Probleme beim Alleinbleiben (Zerstörungswut, Heulen, Bellen) oder beim Spaziergang (Weglaufen) geben. Viele Rüden verweigern in dieser Zeit sogar komplett das Futter und magern extrem ab. In diesem Fall bedeutet das nicht nur Stress für Mensch und Hund, man muss auch den gesundheitlichen Aspekt beachten!

Inwieweit diese Probleme eintreffen, hängt von verschiedenen Faktoren ab. Zum einen spielt die sexuelle Veranlagung eine Rolle, ein genetisch stark sexuell orientierter Rüde wird in dieser Situation natürlich mehr Probleme haben. Aber auch die Erziehung der Hunde muss dabei

Wenn Sie überlegen, zu einem Hundepärchen einen weiteren Rüden aufzunehmen, kann dies zu Problemen führen, wenn der junge Rüde die Position des alten Rüden in Frage stellt.

berücksichtigt werden. Der Rüde muss akzeptieren, dass der Mensch das Recht hat, ihm ein Beschnuppern und Belecken der Hündin im Genitalbereich zu verbieten. Daher ist es von Anfang an wichtig, erzieherischen Einfluss auf beide Hunde zu nehmen und die Position des Menschen im Familienverband deutlich zu machen. Natürlich gibt es auch die Möglichkeit, einen der Hunde für diesen Zeitraum wegzugeben, aber das ist aus Sicht der Hunde recht problematisch. Gerade zu diesem wichtigen Zeitpunkt – der Rüde merkt bereits sehr früh, dass seine Hündin bald heiß wird – muss er sich von seinem Rudel trennen. Bei dieser Lösung sollte dem Rüden die betreuende Person in jedem Fall vertraut sein und er sollte seinen Aufenthalt bereits aus anderen Zeiträumen kennen. Einfacher für den Menschen ist es mit Sicherheit, mindestens einen der Hunde kastrieren zu lassen. So müssen die beiden nicht getrennt werden und die Stressfaktoren in Zeiten der Läufigkeit werden ausgeschaltet, unerwünschter Nachwuchs wird vermieden.

Welcher der Hunde kastriert werden sollte, muss man immer im Einzelfall entscheiden. Natürlich ist die Kastration des Rüden die weniger aufwendige Operation. Dennoch spielen hier der Status und auch das Verhalten der einzelnen Hunde eine große Rolle. Ist der Rüde z. B. stark sexuell, d.h. markiert und scharrt er viel, leckt den Urin der Hündin und/oder besteigt sie und/oder andere Hündinnen andauernd, sollte man sich für die Kastration des Rüden entscheiden. Es besteht nämlich die Gefahr, dass er sonst auch die kastrierte Hündin noch als sexuellen Besitz ansieht und sie gegen andere Rüden verteidigt. Hat die Hündin große Probleme mit der Läufigkeit (langer Zeitraum der Läufigkeit, kurze Abstände zwischen den Läufigkeiten, Scheinträchtigkeit etc.), sollte man sich für die Kastration der Hündin entscheiden.

Diese Junghunde verstehen sich gut! Labrador Jamie (9 Monate) und Schäferhund Luigi (10 Monate).

KASTRATION

Gerade bei Rüden steht die Frage nach der Kastration schnell im Raum. Sicherlich ist die Operation beim Rüden weitaus weniger aufwendig und belastend für den Hund sowie weniger kostenintensiv als die Kastration einer Hündin. Eine Kastration entspricht dem Gesetz nach jedoch einer Amputation und darf daher nur nach entsprechender Indikation erfolgen. Da Hunde nicht so wie Katzen unkontrolliert draußen frei herumlaufen, ist das Argument der Verhütung in der heutigen Zeit eigentlich kaum haltbar. Ausnahme ist hierbei natürlich die gemeinsame Haltung von Rüde und Hündin, in diesem Fall kann eine Kastration zur Verhütung durchaus notwendig werden. Dennoch muss man sich auch hierbei Gedanken machen, denn von einer Frühkastration ist in der Regel abzuraten. Zwar erleichtert eine solche Frühkastration gegebenenfalls das Leben des Menschen, da der Hund eine sexuelle Motivation gar nicht erst entwickeln wird.

Wenn drei unkastrierte territoriale Hündinnen aufeinander treffen, kann es zu Streitigkeiten kommen.

Dem gegenüber steht jedoch, dass die hormonelle Entwicklung zum Zeitpunkt der Geschlechtsreife sowohl körperliche als auch geistige Reifungsprozesse auslöst, die einem frühkastrierten Hund fehlen würden. Gerade Hündinnen zeigen aufgrund einer Frühkastration später als Erwachsene oft sehr unsicheres Verhalten im Kontakt mit anderen Hunden, was zu verstärkter Aggressivität führen kann.

Rüden dagegen zeigen oft ein kindlich verspieltes Verhalten. Hier könnte man nun sagen, dass dies eigentlich ja keine Probleme bereiten sollte. Nun leben unsere Hunde aber nicht isoliert in ihrem Rudel, sie treffen draußen tagtäglich immer wieder auf Artgenossen. Da im Gegensatz zur Pferdehaltung keine strikte Trennung von kastrierten und nicht-kastrierten Tieren erfolgt, müssen sie sich somit auch mit ihren nicht-kastrierten gleichgeschlechtlichen Artgenossen auseinandersetzen. Diese reagieren auf die vermeintlich schwächeren, da weniger Testosteron versprühenden, Konkurrenten jedoch häufig aggressiv oder dominant, indem gerade kastrierte Rüden Opfer unendlicher Aufreitattacken werden. Das kindlich-naive Verhalten dieser Hunde passt zudem nicht zu ihrem tatsächlichen Alter, weshalb Korrekturen in Bezug auf ein eher stürmisches Begrüßungsverhalten schnell erfolgen. Daher sollte zumindest bis zum Eintreten der Geschlechtsreife (bei der Hündin also nach der ersten Läufigkeit, bei Rüden der Zeitpunkt, an dem er mit erhobenem Bein zu markieren beginnt) mit einer Kastration gewartet werden, besser jedoch noch ein wenig über diesen Zeitpunkt hinaus. Gerade bei Hündinnen kann man auch nach der zweiten und dritten Läufigkeit immer wieder eine Veränderung des Verhaltens bemerken, dies passt zusammen mit der körperlichen und geistigen Entwicklung, die je nach Rasse auch erst mit 2–3 Jahren abgeschlossen ist.

VERHALTENSÄNDERUNG

Bei einem Kastrationswunsch aufgrund von Verhaltensproblemen muss der Mensch sich darüber klar werden, dass viele Verhaltensweisen sich nicht einzig aufgrund einer Kastration ändern. Lediglich die sexuell motivierten Verhaltensweisen werden durch eine Kastration beeinflusst. Seit einiger Zeit gibt es die Möglichkeit eines Hormonchips für Rüden, der von der Wirkung her einer Kastration gleicht. Die Testosteronproduktion wird eingestellt, dies ist auch durch die deutlich verkleinerten Hoden des Rüden sichtbar. Die Wirkung eines solchen Chips hält ca. 3 – 6 Monate an, genug Zeit, um ein Training außerhalb einer hormongesteuerten Situation aufzubauen. Verändert sich das Verhalten nicht, ist eine sexuell motivierte Ursache auszuschließen. Findet eine Verhaltensänderung statt, zeigt sich mit Nachlassen der Wirkung, ob das Training ausgereicht hat, das Verhalten dauerhaft zu ändern oder ob es mit Nachlassen des Chips wieder beginnt. Erst in diesem Fall sollte über eine Kastration nachgedacht werden.

Der Chip bietet dem Halter eines Hundepärchens zudem die Möglichkeit der Verhütung. Zwar gibt es auch für Hündinnen die Möglichkeit mit Hilfe eines Hormons, das der Hündin gespritzt wird, den Zyklus zu unterdrücken und damit die Läufigkeit zu verhindern, jedoch ist ein dauerhaftes Abspritzen der Läufigkeit aufgrund der vielen Nebenwirkungen nicht anzuraten!

Bei Hündinnen wird eine Kastration nur dann eine Verhaltensveränderung in Bezug auf aggressives Verhalten bewirken, wenn die Aggressionen gegenüber Artgenossen ausschließlich zum Zeitpunkt der Läufigkeit bzw. Scheinschwangerschaft auftreten. Im anderen Fall wäre eine Kastration sogar kontraindiziert, sie würde vorhandenes aggressives Verhalten noch verstärken! Zudem dürfen Risiken und Nachteile einer Kastration nicht verschwiegen werden. Zunächst einmal ist eine Kastration eine Operation, die mit allen ihren Risiken und möglichen Folgen wie Narkoseproblemen, Entzündung/Aufbrechen der Narbe etc. einhergehen kann. Weiterhin können körperliche Probleme wie z.B. Inkontinenz das Leben von Mensch und Hund stark belasten. Ob eine Kastration durchgeführt werden sollte, muss also immer im Einzelfall genauestens geprüft werden.

Treffen zwei Hunde mit unterschiedlichen Motivationen wie hier der Beagle als Jagdhund und der Collie als Hütehund aufeinander, haben sie sich oft nicht viel zu sagen.

AGGRESSION UNTER RÜDEN

Eine häufige Kastrationsempfehlung wird bei der Problematik von starken Aggressionen unter zwei oder mehr Rüden eines Rudels ausgesprochen. Allerdings sollten dabei einige wichtige Punkte beachtet werden: Kastriert werden sollte zunächst einmal nur der rangniedrigere Rüde! In diesem Fall wird der ranghöhere Rüde in seinem Anspruch unterstützt. Ist man sich nicht sicher, welcher Rüde welche Position innehat, muss man beide Rüden kastrieren. Auf keinen Fall darf man den ranghöheren Rüden kastrieren, dies würde aggressives Verhalten unter den Rüden noch verstärken. Der ranghohe Rüde wird nicht einfach so seinen Status aufgeben und weiterhin versuchen, den rangniedrigen, aber potenten Rüden anzugehen. Zudem ist der ranghöhere Rüde oftmals der ältere der beiden. Dieser hat somit sein Verhalten bereits über einen langen Zeitraum ritualisiert. In diesem Fall wird eine Kastration häufig nur eine geringe Wirkung zeigen!

GEMISCHTES RUDEL

Haben Sie bereits zwei Hunde und möchten noch einen dritten hinzunehmen, sodass sich ein gemischtes Rudel bildet, müssen Sie einige weitere Punkte beachten. Es gibt verschiedene Kombinationen, die unterschiedliche Problematiken mit sich bringen.

ZWEI HÜNDINNEN, EIN RÜDE KOMMT DAZU

Haben Sie zwei Hündinnen, die sich gut verstehen, also im Idealfall eine Mutter-Tochter-Beziehung haben, ist es meistens unproblematisch einen Rüden dazuzunehmen. Verstehen sich die beiden Hündinnen nicht so gut, sollten Sie besser keinen weiteren Hund in das Rudel aufnehmen. Sonst kann der hinzukommende Rüde zu einem neuen Streitobjekt der beiden Hündinnen werden: Wer bekommt mehr Aufmerksamkeit, wer wird mehr vom Rüden beachtet?

Die Freundschaft zweier Rüden kann auf eine harte Probe gestellt werden, wenn eine Hündin einzieht.

Kommt eine Hündin zu einem Hundepärchen dazu, gibt es meist keine großen Probleme, vor allem, wenn die neue Hündin deutlich jünger ist und die Position der alten Hündin akzeptiert.

ZWEI RÜDEN, EINE HÜNDIN KOMMT DAZU

Schwieriger wird es da schon im umgekehrten Fall: Möchten Sie zu Ihren zwei Rüden eine Hündin hinzunehmen, kann die vorher gut funktionierende kumpelhafte Freundschaft schnell auseinanderbrechen. Die Rüden streiten sich dann oft um die Eroberung der Hündin.

RÜDE UND HÜNDIN, EINE HÜNDIN KOMMT DAZU

Holen Sie sich eine Hündin zu einem Pärchen dazu, sind weniger Probleme zu erwarten, wenn die zweite Hündin deutlich jünger als die erste Hündin ist. Der Rüde ist sicher begeistert über die zweite Hündin in seinem Rudel und die Althündin wird im besten Fall die neue Hündin als Tochter erziehen.

RÜDE UND HÜNDIN, EIN RÜDE KOMMT DAZU

Schwieriger wird es, wenn Sie zu Ihrem Pärchen einen Rüden hinzunehmen. Zwar wird die Althündin auch hier den Rüden oft als Sohn erziehen, aber es kommt meist irgendwann zwischen den beiden Rüden zu einer Rangordnungsauseinandersetzung. Wer bekommt den Zugang zur Hündin? Ob diese Kombination gut geht, ist abhängig von Alter, Rasse und Größe der Hunde. Hat man z. B. Golden Retriever, die kaum ausgeprägtes Schutz- und Wehrverhalten haben, also territoriale Streitigkeiten nur in geringem Maße ausleben, und ist der ältere Hund bedeutend älter, wird er sich ohne große Kämpfe „in den Ruhestand" begeben. Er weiß um seine Schwäche und tritt die Vorrangstellung bezüglich sozialer Kompetenzen meist ohne große Probleme ab.

Familienbande: Vater, Mutter, Kind

GESCHWISTERLIEBE

Bei der Haltung von Geschwistern entstehen in aller Regel große Schwierigkeiten. Ein Problem liegt zunächst einmal darin begründet, dass Sie zwei Hunde des gleichen Alters haben. Das bedeutet in der Welpenzeit, dass Sie sich intensiv um die Erziehung von zwei Hunden kümmern müssen. Dies geht auf gar keinen Fall parallel, Sie müssen also genügend Zeit für die Ausbildung von zwei Einzelhunden haben. Das heißt, Sie müssen mit jedem Hund einzeln die Sozialisierungsphase gestalten, also den Hund alles kennenlernen lassen, was die Umwelt so bietet. Denn schon hier soll der Welpe ja lernen, sich an Ihnen zu orientieren und nicht am vertrauten Geschwisterchen. Das ist auch der Grund, warum z. B. der Züchter die Welpen möglichst ab der achten Woche abgeben sollte. Die Erlebnisse der nächsten vier bis acht Wochen sind entscheidend für das weitere Leben und da kann ein Züchter mit einem Wurf von acht oder mehr Welpen mit Sicherheit keine intensive Einzelbetreuung mehr leisten.

EIN EINGESPIELTES TEAM

Sie werden in jedem Fall immer, also auch während der Pubertät sowie bei den erwachsenen Hunden, gegen die intensive Bindung und Kommunikation ankämpfen müssen, denn diese ist bei Geschwistern noch viel ausgeprägter als z. B. zwischen zwei fremden Artgenossen. Die Hunde kennen sich vom ersten Tag an, sie sind sich in allen Bereichen sehr vertraut. Man kann dies bei Menschen mit der Beziehung von Zwillingen vergleichen, die oft ebenso eine für Außenstehende kaum nachvollziehbare Bindung und Kommunikation untereinander haben. Ein Blick reicht, und eine gemeinsame Entscheidung ist

Die beiden 9-Monate alten Geschwister Jamie und Josie lieben das wilde Tobespiel miteinander. Sie kennen sich genau und wissen, wie der andere reagiert. Typisch ist hier das für den Labrador Retriever stark körperliche Spiel.

gefallen ... Zudem entwickeln solche Hunde meistens auch die gleichen Interessen, da sie ja der gleichen Rasse oder Mischlingskombination entstammen. So werden Sie kaum zwischen die fest zusammenhaltenden Hunde kommen können. Es bleibt oft unmöglich, die beiden Hunde kontrolliert zu lenken. Weiterhin besteht die Gefahr, dass die beiden erwachsenen Geschwister die Rangfolge noch intensiver untereinander klären wollen als nicht verwandte Hunde, besonders wenn sie gleichen Geschlechts sind. Sie kennen sich vom ersten Lebenstag an und kennen alle Stärken und Schwächen des anderen genau. Wir raten deshalb von einem Geschwisterkauf immer ab. Ausnahmen sind lediglich da zu sehen, wo die Hunde in großen Gruppen und oft sogar in gewachsenen Rudeln zu Arbeitszwecken gehalten werden. Dies gilt z. B. für Meutehunde, die für jagdliche Zwecke genutzt werden, oder aber für nordische Hunde, die für die Zugarbeit vor dem Wagen oder Schlitten trainiert werden. Diese Hunde leben in der Regel jedoch in ihren festen Gruppen ohne Kontakt zu fremden Artgenossen. Der Musher wird auch selten einen Spaziergang mit der ganzen Gruppe unternehmen, neben der Auslastung durch die Zugarbeit stehen große umzäunte Freilaufflächen zur Verfügung. Dass in einem solchen Fall natürlich andere Regeln gelten, ist klar. Hier ist gerade das enge Zusammenspiel der Hunde von Vorteil und wird für die Bedürfnisse des Mushers oder Meuteführers genutzt.

VATER, MUTTER, TOCHTER, SOHN

Die Haltung von Hunden, die eng miteinander verwandt sind, kann sehr spannend sein. Problemlos ist meistens die Haltung von Mutter und Sohn oder Vater und Tochter, hier entstehen keine sexuellen Konkurrenzen. Lediglich extern ist die Problematik eventuell noch größer als bei einem nicht verwandten Hundepärchen. Durch die enge Bindung und Kommunikation sind die Streitigkeiten mit fremden Hunden, die in die Gemeinschaft eindringen wollen, manchmal sehr hoch.

Mutter und Tochter gemeinsam zu halten funktioniert meist sehr gut.

Vater und Sohn kann zu Problemen führen, wenn der Sohn ständig die Position des Vaters anzweifelt.

MUTTER UND TOCHTER

Die Kombination von Mutter und Tochter kann dann gut funktionieren, wenn die Mutter eine selbstsichere, ranghohe Hündin ist, die ihrer Tochter von Anfang an klarmacht, dass sie diejenige ist, die zu entscheiden hat. Auch in wild lebenden Hunderudeln verbleiben die Töchter häufig im Rudel und helfen bei der weiteren Aufzucht der nächsten Generationen. Ist die Mutterhündin aber eher unsicher, kann es schnell zu Rangordnungsstreitigkeiten kommen. Ein Machtwechsel wird dann häufig von der Tochter angestrebt. Hier kommt es dann wieder auf die Mutterhündin an, akzeptiert diese den Ranganspruch der Tochter, funktioniert die Haltung sehr gut. Ein unsicherer Hund wird oft erleichtert über die Abgabe der ranghohen Position sein, da sie ihn im Grunde genommen überfordert. An dieser Stelle sind nun wieder die Menschen gefragt. Haben sie von Anfang an dafür gesorgt, dass die Hündinnen sich an ihnen orientieren, und bestärken sie die jüngere Hündin in der ranghohen Position, wird die ältere Hündin keine großen Probleme mit dem Wechsel haben.

VATER UND SOHN

Schwieriger wird es bei der Kombination Vater und Sohn, da hier zumindest kleinere Rangordnungsstreitigkeiten fast schon vorprogrammiert sind. Es ist ganz natürlich, dass in einem bestimmten Alter, meistens mit zwei bis drei Jahren, die Junghunde versuchen in der Rangordnung aufzusteigen. Bleibt es bei kleineren Streitigkeiten, kann der Mensch regulierend einwirken. Beachtet er diese Problematik nicht, kann das Zusammenleben zu einem ewigen Kampf werden. Grund für Streitigkeiten können dabei sämtliche Ressourcenansprüche – dazu gehört auch der soziale Anspruch an den Menschen – sein, aber natürlich auch territoriale Anlässe.

Altersunterschied: Graue Schnauze, wilder Hüpfer

Im Idealfall beträgt der Altersunterschied zwischen zwei Hunden mindestens zwei bis drei Jahre. Man sollte sich den zweiten Hund erst dann anschaffen, wenn die Beziehung zum ersten Hund wirklich geklärt ist und dieser die Jung-Erwachsenenphase hinter sich hat.

Die Entwicklung zum erwachsenen Hund ist – je nach Rasse bzw. Größe des Hundes – oft erst nach dem dritten Lebensjahr abgeschlossen. In diesem Zeitraum macht der Hund also immer wieder Entwicklungsschübe durch und stellt die Beziehung zu seinem Menschen erneut in Frage. Sind Sie aber immer noch mit der Klärung der ersten Beziehung beschäftigt, dann wird es schwierig, einen zweiten Hund in das Rudel einzuordnen. Die Gefahr, dass sich der zweite Hund dann nicht an Ihnen, sondern am ersten Hund orientiert und sich beide Hunde immer mehr von Ihnen entfernen, ist einfach zu groß. Denn mit Sicherheit wird es immer so sein, dass jeder Hund uns in der Kommunikation mit seinen Artgenossen haushoch überlegen ist. Möchten Sie mehrere Hunde halten, bietet z. B. die „5-Jahres-Regel“ immer noch genügend Spielraum.

Welpe (Nasha, 10 Wochen), alter Hund (Debby, 12 Jahre), erwachsener Hund (Emma, 2 Jahre), eine Kombination, die vom Alter her gut funktionieren kann.

DIE 5-JAHRES-REGEL

Meist funktioniert ein Rudel gut, wenn man z. B. alle vier bis fünf Jahre einen neuen Hund aufnimmt. Dann hat man neben

- einem Welpen,
- einen vier- bis fünfjährigen, erwachsenen Hund,
- einen acht- bis zehnjährigen Hund, der gerade in die Alterszeit übergeht,
- und wenn man Glück hat, noch einen 12- bis 15-jährigen Hund, der die Rente genießt.

Baut man sein Rudel danach auf, haben alle Hunde ihrer Entwicklung gemäß unterschiedliche Interessen, womit kaum die Gefahr besteht, dass sich zwei Hunde aufgrund der gleichen Interessensgrundlage verselbstständigen. Der Welpe will die Welt entdecken, der erwachsene Hund „seinen Job“ erledigen (der hoffentlich vom Menschen vorgegeben wird), der alte Hund das Leben genießen und der Rentner seine Ruhe haben. Die Hunde mittleren Alters können dann bei der Erziehung des jungen Hundes mithelfen, d.h. vermitteln, dass man nicht immer das bekommt, was man gerne hätte, und auf keinen Fall die Nummer Eins im Rudel ist. Auch für hundesportlich Begeisterte ist diese Lösung ideal, da sie immer einen ausgewachsenen Hund haben, mit dem sie sportlich aktiv sein können, einen Hund in der Grundausbildung und einen oder zwei alte Hunde, die nicht mehr so intensiv beschäftigt werden müssen.

Natürlich bedarf es bei der Führung eines solchen Rudels viel Zeit, denn jeder Hund muss entsprechend seines Alters und der dazugehörigen Ambitionen sowie Möglichkeiten trainiert und beschäftigt werden. Auch Führungsqualitäten müssen vorhanden sein, der Mensch muss immer alle Hunde im Blick haben und auf die Bedürfnisse des einzelnen eingehen können. Nur so kann er verhindern, dass die Hunde sich verselbstständigen und das Leben im Rudel im Chaos endet.

Easy (12 Wochen) muss noch viel lernen, damit er für alle weiteren Lebensabschnitte gerüstet ist.

Emma liebt alle Spiele mit viel Action. Solange sie rennen und springen kann, ist sie glücklich.

Jedes Alter hat seine eigenen Höhepunkte. Gibt es etwas Schöneres, als mit einem alten Hund an der Seite im Gras zu liegen und gelassen die Welt zu betrachten?

JÜNGERER KOMMT ZU ÄLTEREM HUND

Für die Einführung eines jungen Hundes oder eines Welpen in das Hunderudel gelten natürlich die bisher schon besprochenen Bedingungen, die man beachten muss. Besonders bei Hündinnen wird man in der ersten Zeit die Beziehung der Hunde gut beobachten müssen, damit der Welpe nicht von der Hündin verletzt wird. Die Erfahrungen in dieser Zeit sollten ja möglichst positiv sein.

ÄLTERER KOMMT ZU JÜNGEREM HUND

Im Vergleich dazu wird die Einführung eines älteren Zweithundes problematisch sein. Der ältere Zweithund wird nun Respekt vom jungen Ersthund verlangen. Das führt zu Problemen, da bisher ja der Ersthund der Privilegierte war. Schnell entsteht ein Streit: Der eine verteidigt seine Altersrechte, der andere seine Traditionsrechte.

JUNGER KOMMT ZU SEHR ALTEM HUND

Genauso muss man aber auch aufpassen, wenn der erste Hund bereits sehr alt ist. Zwar wird so mancher alte Hund noch einmal „einen zweiten Frühling“ erleben, oft ist er aber doch viel mehr überfordert mit der Situation. Einen jungen Hund zu erziehen, ist nicht nur für den Menschen sehr anstrengend. Und wenn der alte Ersthund dann bei der Erziehung des jungen Zweithundes miteinbezogen wird, ist diese Aufgabe häufig einfach zu viel für ihn. Ein alter Hund hat nun einmal ein vermehrtes Ruhebedürfnis und möchte meist auch nicht mehr so viel spielen oder kann körperlich dem Spiel des jungen Hundes nicht mehr standhalten. Hier ist es meist besser, seinem alten Hund noch ein ruhiges schönes Leben zu schenken und mit der Anschaffung eines jungen Hundes bis nach seinem Tod zu warten. Vor allem, wenn der Ersthund nie mit einem anderen Hund zusammengelebt hat.

Debby (12 Jahre) demonstriert ihren Anspruch auf den vor ihr liegenden Kauknochen gegenüber Nasha (10 Wochen) deutlich.

Entscheidet man sich dennoch dafür, einen Welpen zu einem alten Hund aufzunehmen, ist es besonders wichtig, dass der Mensch darauf achtet, das gemeinsame Leben zu regeln! Der alte Hund braucht seine Ruhe und kann sich oft gegenüber dem quirligen Welpen nicht mehr durchsetzen. Da er eine ernsthafte Korrektur gar nicht durchsetzen möchte, sondern einfach nur seine Ruhe haben will, grummelt er den Welpen an, wenn dieser die geforderte Individualdistanz unterschreitet und Opa oder Oma auf seinem oder ihrem Liegeplatz nervt. Nun ist der Mensch gefragt, er muss dem Welpen klarmachen, dass der alte Hund nicht drangsaliert werden darf. Er kann den Welpen einfach wegnehmen und in sein eigenes Körbchen bringen. Dazu wird das Signal „Schluss" ausgesprochen, der Welpe lernt somit, dass dieses Verhalten momentan nicht weiter gewünscht ist. Da es nicht generell verboten ist, Opa zum Spiel aufzufordern, sollte von einer Korrektur des Welpen durch einen Schnauzgriff oder Nackenstoß abgesehen werden. Hat der alte Hund einen guten Tag, an dem ihm die Knochen nicht schmerzen, wird ein gemeinsames ruhiges

MEIN TIPP

Dreiergespann

Hält man ein Rudel, wie es mit der „Fünf-Jahres-Regel" beschrieben wird, sind die Probleme in Bezug auf einen alten Hund nicht mehr so relevant. Der alte Hund ist zum einen die Mehrhundehaltung bereits gewohnt, zum anderen gibt es noch den mittleren Hund, der sich gerade mitten in der Erwachsenenphase befindet und somit die Erziehung des Welpen übernehmen kann. So hat der alte Hund seine Ruhe, der Welpe aber einen Spielpartner, der dennoch Grenzen setzt.

Nasha akzeptiert, dass der Kauknochen der älteren Debby gehört, und sie hält den geforderten Abstand zu ihr ein.

Kuscheln in einem Körbchen auch vom alten Hund genossen! Anders sieht es aber aus, wenn der Welpe sich nicht an Regeln hält, die unter Hunden üblich sind. Bekommen beide Hunde z. B. einen Kauknochen, kann es sein, dass der Welpe testet, ob er dem alten Hund nicht den Knochen klauen kann. Kann der alte Hund dem Welpen klar machen, dass der Knochen ihm gehört und er dieses Recht auch verteidigen würde, gibt es kein Problem. Akzeptiert der Welpe die Warnung jedoch nicht und nervt weiter, ist der Mensch gefragt. In einem solchen Fall darf der Welpe korrigiert werden, da das Klauen von Nahrung auch unter Hunden generell nicht akzeptiert wird. Auch der rangniedrige Hund hat in einem Rudel das Recht, Beute für sich zu beanspruchen. Der Ranghohe wird dies in der Regel akzeptieren und die Beute erst dann für sich beanspruchen, wenn der Rangniedrige sie liegen lässt und damit zur Verfügung aller frei gibt.

ABSCHIED – AUCH HUNDE TRAUERN

Auch den Abschied eines Hundes darf man nicht vergessen. Gerade wenn ein älterer Hund im Rudel lebt, muss man sich beizeiten Gedanken über dieses Thema machen. Sollen sich die anderen Hunde vom verstorbenen Rudelmitglied verabschieden?

Stirbt ein Hund aufgrund von Alter oder Krankheit, wissen die anderen Hunde genau darüber Bescheid. Sie merken schon lange vor dem Tod des Hundes, dass dieser bald bevorsteht. Deshalb sollte man den zurückgebliebenen Hund auch den Tod des alten Kumpels feststellen lassen.

Dass ein junger Hund auf einmal verschwindet, kommt in der Natur häufig vor. Ein junger Rüde sucht sich z. B. ein neues Rudel. Stirbt ein junger Hund z. B. aufgrund eines Unfalls, bleibt oft keine Zeit, den Hunden eine Verabschiedung zu ermöglichen. Der Hund wird zur Behandlung zum Tierarzt gebracht und kann leider nicht mehr gerettet werden. Soll der Hund eingeäschert werden, verbleibt er in der Regel direkt beim Tierarzt. Die anderen Hunde könnten nun lediglich in der Tierarztpraxis Abschied nehmen. Da für viele Hunde die Praxis aber mit negativen Gefühlen verbunden ist, muss man vorher genau überlegen, ob man auf eine Verabschiedung nicht besser verzichtet. Der körperliche Zustand des Hundes

Freuen Sie sich, wenn Sie das Glück haben, zu erleben, wie Ihr vierbeiniger Freund alt wird. Aber auch der Abschied gehört zum Leben dazu, bei dem Sie ihn nicht alleine lassen sollten.

spielt dabei allerdings weniger eine Rolle, Hunde haben kein solches Empfinden wie wir Menschen, wenn der Hund z. B. offene Verletzungen hat.
Dass aber ein alter oder kranker Hund auf einmal nicht mehr da ist, kommt in der Natur nicht vor. Gerade in der heutigen Zeit, in der auch beim Hund immer mehr Krankheiten behandelt werden können, werden Hunde häufig sehr alt. Irgendwann kommt dann der Zeitpunkt, an dem der Mensch entscheiden muss, ob das Leben für den Hund noch lebenswert ist. Diese Entscheidung kann sehr individuell je nach Hund ausfallen. Gerade soziale Rassen sind zufrieden, wenn sie noch ein- oder zweimal am Tag für eine halbe Stunde ganz in Ruhe draußen schnüffeln können und ansonsten den Tag gemütlich auf der Decke liegend gemeinsam mit ihren Menschen verbringen. Hat ein Hund jedoch andauernde Schmerzen, kann kein Futter mehr aufnehmen bzw. verwerten, ist mit Sicherheit der Tag gekommen, an dem der Mensch sich im Sinne des Hundes entscheiden und ihn erlösen lassen muss. Sprechen Sie Ihren Tierarzt an, er wird bestimmt gerne zu Ihnen nach Hause kommen, damit Ihr Hund seine letzten Minuten zusammen mit Ihnen in der gewohnten Umgebung verbringen kann. Die anderen Hunde des Rudels sollten dabei allerdings nicht anwesend sein, gönnen Sie Ihrem alten Hund noch einmal eine kurze Zeit ganz mit Ihnen alleine. Sind die anderen Hunde anwesend, könnte dies sonst Stress für Ihren alten Hund bedeuten, zudem könnten die Hunde die Anwesenheit des Tierarztes negativ verknüpfen. Damit die zurückgebliebenen Hunde jetzt nicht verzweifelt suchen und nicht verstehen, was passiert ist, sollte man sie auch Abschied nehmen lassen. Dabei kann die Vorgehensweise individuell je nach Hund unterschiedlich sein.

BEISPIEL AUS DER PRAXIS

In einem Rudel Border Collies bestehend aus einem 12-jährigen Rüden, einer 5-jährigen Hündin und einem 3-jährigen Rüden musste der alte Rüde aufgrund einer Lungenembolie eingeschläfert werden. Nachdem der Tierarzt sich verabschiedet hatte, ließ die Halterin die beiden anderen Hunde in das Zimmer. Der junge Rüde lief freudig und aufgeregt hinein, er vermutete noch den Besuch dort sitzend. Als er dann den alten Rüden dort liegen sah, stockte er kurz, schnüffelte einmal aus der Entfernung, drehte sich um und verließ das Zimmer. Die Sache war damit für ihn erledigt. Die Hündin jedoch lief zu dem alten Rüden hin und beschnüffelte ihn ausgiebig am Kopf und am Analbereich. Dieser Vorgang dauerte ca. 5 Minuten, in denen sie immer wieder erneut begann, intensiv den alten Rüden zu untersuchen. Dann drehte auch sie sich um und ging zu ihrer Halterin. Beide Hunde hatten auf ihre Art von dem alten Rüden Abschied genommen, und die Zeit der Neustrukturierung des Rudels begann.

DIE ZEIT NACH DEM VERLUST

Durch die Mehrhundehaltung ist der Verlust eines Hundes für den Menschen etwas besser zu ertragen, denn es gibt noch einen oder mehrere andere Hunde im Haushalt. Zwar kann keiner den verstorbenen Hund ersetzen, doch der Tagesrhythmus geht weiter, der oder die anderen Hunde fordern ihre Spaziergänge, Futter, Streicheleinheiten usw. Nun kann man sich auch genug Zeit für die Auswahl eines neuen Hundes lassen, damit dieser wieder optimal in das Rudel passt. Hat man nur einen Hund, ist die Lücke, die dieser nach seinem Tod hinterlässt, oft so groß, dass viele Menschen zu unüberlegten Spontankäufen neigen, da sie ohne Hund nicht leben wollen und können.

Charakter und Größe: Interessen und Ambitionen

In Bezug auf Interessenskonflikte ist es am einfachsten, mehrere Hunde mit unterschiedlichen Ambitionen und Veranlagungen zu halten. Hat man zwei Hunde mit gleichen Interessen, kann es schnell um die Verteidigung von Ressourcen gehen: „Wem gehört jetzt das Schweineohr bzw. wer darf als Erster an die Tür stürmen, wenn es klingelt?“

Zudem kann es auch passieren, dass sich die beiden Hunde zu einer Interessensgemeinschaft zusammenschließen. Da wird dann gemeinsam Jagd auf das Kaninchen gemacht und der Ansporn, schneller als der andere zu sein, bringt den Menschen noch weiter ins Abseits. Auch bei territorialen Streitigkeiten können sich die Probleme potenzieren. Hat man nicht nur einen, sondern gleich zwei Ridgebacks, die Seite an Seite durch den Park marschieren, sieht es für die anvisierten Konkurrenten oft nicht gut aus. Viele Probleme entstehen also durch gleiche Interessen, Ambitionen und Veranlagungen von Hunden. Aufgrund dieser Thesen sollten Sie also zu einem jagdlich orientierten Hund einen zweiten Hund mit möglichst wenig jagdlicher Ambition auswählen. Bei Mischlingen ist es hilfreich, wenn man ungefähr weiß, welche Rassen vertreten sind.

VORLIEBEN DES HALTERS

Viele Menschen haben nun aber einmal eine Vorliebe für eine bestimmte Rasse oder Rassegruppe. Diese Vorliebe bezieht sich dabei sowohl auf das äußere Erscheinungsbild als auch

Apportiertraining lässt sich hervorragend mit zwei oder mehr Hunden durchführen. Während der eine eine Aufgabe lösen darf, muss der andere warten.

auf den entsprechenden Charakter. Zudem gehen mit der Entscheidung für eine bestimmte Rasse immer auch Entscheidungen in Bezug auf eine mögliche Beschäftigung einher. Der Agility-Sportler wird von dem Ratschlag, zu seinem agilen Malinois einen gemütlichen Bernhardiner zu nehmen, sicherlich nicht begeistert sein. Ein Labrador Retriever-Halter, der mit Begeisterung im Dummysport aktiv ist, wird kaum mit einem Border Collie glücklich sein, der zwar das Apportieren erlernen kann, jedoch meistens nicht in der Ausprägung wie es für diese spezielle Sportart notwendig ist. Soll der Hund nicht nur Freizeitbegleiter sein, sondern dem Menschen bei seiner Arbeit helfen, ist die Bindung an eine bestimmte Rassegruppe noch stärker. Der Jäger wird wohl kaum einen Hütehund in sein Rudel aufnehmen, genauso wie umgekehrt der Schäfer in der Regel wenig mit einem Jagdhund anfangen kann. Daher sollten Sie in einem solchen Fall zumindest auf das unterschiedliche Alter der Hunde achten. So sind die Interessen wenigstens vom Entwicklungsstand her unterschiedlich und Sie können bei guter Ausbildung der Hunde auch zwei oder mehr Hunde einer Rasse / Rassegruppe halten.

MEUTEVERHALTEN

Es muss immer auch die Veranlagung der einzelnen Rassen bezüglich Rudelbindung, Rudelgröße und Meuteverhalten beachtet werden. Viele Rassen kann man gut in großen Rudeln oder Meuten halten, wie z. B. die Jagdhunde oder die Hütehunde. Eine Vergesellschaftung mit fremden Hunden lässt sich meistens problemlos gestalten. Solche Hunde reagieren in der Regel auch auf immer wieder neue Besucherhunde im eigenen Territorium entspannt. Dies liegt darin begründet, dass diese Hunde eine hohe soziale Kompetenz sowie ein geringes territoriales Interesse haben wie es z. B. beim Golden Retriever oder Border Collie der Fall ist. Bei Meutehunden wie z. B. dem Beagle verhält es sich dabei genau andersherum, diese Hunde besitzen einen sehr geringen sozialen Rudelinstinkt. Beziehungen zu Artgenossen spielen keine große Rolle. Man ist zwar gern in Gesellschaft, wer dies ist, interessiert dabei aber nicht. Genau aus diesem Grund werden gerade Beagle oft als Laborhunde missbraucht, denn sie akzeptieren ohne Probleme, immer wieder neu mit anderen Hunden vergesellschaftet zu werden.

Herdenschutzhunde sind stark territorial. Wer zum Rudel gehört, ist gerne gesehen. Fremde werden meistens nicht gerne geduldet und Neuzugänge nur schwer aufgenommen.

Dann wieder gibt es Rassen, wie z. B. die Windhunde und die Nordischen Hunde, die zwar große, aber keine fremden Rudel mögen. Eine Haltung in großen Gruppen ist daher meist ohne Probleme möglich, dies ist für den Einsatz der Hunde auch notwendig. Für die Ausübung des Schlittenhundesports ist die Haltung von mindestens 8, 12 oder mehr Hunden notwendig. Viele Musher spannen bei großen Rennen 16 oder mehr Hunde vor den Schlitten. Fremde Hunde werden oft aber mit offensiver Aggression vertrieben. Dieses Verhalten kann man auf Schlittenhunderennen beobachten, wenn Besucher mit ihren Hunden direkt neben der Rennstrecke stehen. Schnell entscheidet sich dann ein Gespann plötzlich nicht mehr dem Streckenverlauf zu folgen, sondern den am Rande stehenden Hund zu attackieren.

Schließlich gibt es Rassen, wie die Treibhunde und die Herdenschutzhunde, die eher kleine Rudel und auf jeden Fall keine großen Meuten mögen. Diese Hunde sind sehr körperliche Hunde, die ihre Interessen schnell mit einem Kräftemessen durchsetzen wollen. Zudem besitzen sie einen ausgeprägten territorialen Instinkt, weshalb sie durch große Rudel, in denen viele Beziehungsebenen überblickt und kontrolliert werden müssen, schnell überfordert sind.

KÖRPERSPRACHE

Ein weiterer Punkt, den man bei der Zusammenführung unterschiedlicher Rassen beachten muss, ist die eventuell unterschiedliche Körpersprache, die schnell zu Missverständnissen führen kann. Der Windhund mit seinem angeborenen Rundrücken kann seinem Gegenüber Ängstlichkeit vermitteln, obwohl er eigentlich offensiv und sicher ist.
Der Australian Shepherd mit angeborener Stummelrute hat beträchtliche Nachteile in der Kommunikation gegenüber einem Artgenossen mit intakter Rute. Daher sollte man bei solchen Kombinationen die Hunde anfangs genau beobachten, um gefährliche Situationen direkt entschärfen zu können, bis die Hunde gelernt haben, die Körpersprache des jeweils anderen zu lesen.

Besonders bei stark unterschiedlichen Verhaltensweisen der Hunde kann es aber zu regelrechten Missverständnissen kommen. Hierbei sollte der Blick vor allem auf das unterschiedliche Spielverhalten der Hunde gelegt werden. Zum Spielverhalten von Hunden gehören sämtliche Elemente aus allen Verhaltenskomplexen, wie z. B. dem Jagd- oder Drohverhalten. Anschleichen, Auflauern, spielerische Attacke oder wilde Hetzjagd sind einige Elemente, die man immer wieder bei einem Spiel beobachten kann. Versteht das Gegenüber aber nicht den spielerischen Aspekt, führt dies schnell zu einer Verunsicherung oder gar zu einer ernsthaften Auseinandersetzung.

SPIELVERHALTEN

Beim Spiel werden Handlungen immer wieder neu kombiniert, da folgt nach dem spielerischen Anschleichen z. B. ein Aufnehmen von Beute und Initiieren einer Verfolgungsjagd. Die ursprüngliche Verhaltenskette aus dem Jagdverhalten „Orten – Fixieren – Anschleichen – Hetzen – Packen – Töten – Zerreißen – Fressen“ wird einfach mitten im Spiel unterbrochen und mit einer Handlung aus einem anderen Verhaltenskreis kombiniert. Es finden Wiederholungen statt, dabei gibt es jedoch immer wieder einmal einen Rollenwechsel. Bei einer wilden Hetzjagd sollte bei echtem Spiel also nicht immer nur einer der Spielpartner den Jäger spielen, während der andere die Opferrolle übernimmt. Dabei muss die Opferrolle nicht einmal ernsthaft bedrängend für den Hund sein. Denn schließlich ist der Hund, der das Opfer spielt, derjenige, der vorne läuft und damit die Richtung und den Spielverlauf bestimmt. Ein Hund, der immer nur Opfer spielen will, möchte das Spiel bestimmen, den Spielpartner dirigieren. Dies hat nichts mehr mit echtem Spielverhalten zu tun! Natürlich sollte in Folge eines Anschleichens im Spiel keine Endhandlung erfolgen, der Ernstbezug zum Jagd- oder Angriffsverhalten darf nicht stattfinden. Diese Intention wird durch stark übertriebene Gesten verdeutlicht, sodass das Gegenüber sofort weiß, dass eine ernsthafte Intention beim Spielpartner nicht vorliegt!

Der Beagle gehört zur Gruppe der Meutehunde. Neue Rudelmitglieder werden gerne aufgenommen.

Folgt aufgrund eines spielerischen Anschleichens also tatsächlich eine Attacke mit Verletzungsabsicht, ist aus Spiel plötzlich Ernst geworden! Spiel findet zudem nur statt, wenn sich beide Spielpartner wohlfühlen. Bestehen Antriebe aus anderen Funktionskreisen, wie z. B. starker Durst oder auch Angst durch eine unbekannte Umgebung, kann kein Spiel stattfinden.

„BEISSSPIELE"

Je nach Rasse und Veranlagung unterscheidet sich zudem die Spielform der Hunde. So gibt es Hunde, die gerne miteinander Beiß- und Kampfspiele ausführen. Diese Art von Spielen wird besonders von den körperlichen Rassen wie dem Labrador Retriever, dem Boxer oder dem Rottweiler bevorzugt. Bei diesen Spielen halten sich die Hunde eher an einer Stelle auf, es wird umeinander gehüpft, man versucht den Gegner mit dem Körper zu rempeln oder durch Beißen in die Gliedmaßen zu Fall zu bringen. Oftmals liegen beide Hunde über- und untereinander, es wird in alles gebissen, was man vom Gegner erreichen kann. Dabei wird natürlich nicht ernsthaft zugebissen, die Spielbeißintention wird durch das weit aufgerissene Maul und das Zeigen aller Zähne klar gemacht. Beißspiele haben oft territorialen Charakter, die beiden Kämpfer stehen sich dann auf den Hinterbeinen erhoben gegenüber und versuchen den Gegner mit dem Oberkörper und den Vorderläufen wegzudrücken.

WICHTIG

Erkennen von Spiel

Merkmale, die Spiel von „Ernst" unterscheiden:

- Immer neu kombinierte Handlungen
- Wiederholungen
- Rollenwechsel
- Keine Endhandlung
- Kein Ernstbezug
- Übertriebenes Ausdrucksverhalten
- Keine Antriebe aus anderen Funktionskreisen
- „Entspanntes Feld"

Gaia und Arjuna können sich gut gegenseitig einschätzen. Daher darf es im Spiel etwas rau werden.

Solange beiden Hunden klar ist, dass es sich um ein Spiel handelt, besteht kein Handlungsbedarf.

OBJEKTSPIELE

Auch Objektspiele sind bei Hunden sehr beliebt. Findet ein Hund eine spannende Beute, läuft er oftmals provozierend damit vor den anderen Hunden auf und ab. Er wirft sie in die Luft, nähert sich den Hunden, um dann kurz vorher in einem Spielgalopp, der sich durch hoppelnde Sprünge mit geradem Rücken, aufgerichteter Rute und aufgerichtetem Kopf sowie wenig Raumgriff auszeichnet, wieder abzudrehen, bis einer der Hunde die Verfolgung aufnimmt. Die Jagd ist dabei selten ernst gemeint, oft bleibt der Beuteinhaber zurück und lässt den Verfolger die Beute erhaschen. In diesem Augenblick stoppt die Jagd und ein herrliches Zerrspiel beginnt.

RENNSPIELE

Rennspiele werden bevorzugt von Rassen ausgeführt, die einen weiten Raumgriff haben und speziell für langes und ausdauerndes Laufen gezüchtet wurden. Hierzu gehören z. B. alle Windhunde. Rennspiele zeichnen sich durch das Hinterherlaufen aus, hierbei zieht das Opfer häufig die Rute ein und krümmt den hinteren Bereich der Wirbelsäule, sodass ein leichter Rundrücken entsteht. Das Aussehen eines realen Opfers wird hier also übertrieben dargestellt. Die Hunde bewegen sich dabei in einem Wechsel zwischen Spielgalopp mit luxierten Bewegungen und Jagdgalopp mit weitem Raumgriff, lang gestrecktem Rücken und dem darauf folgenden Aufwölben des Rückens durch ein Vorgreifen der Hinterbeine vor die Vorderbeine.

ROLLENSPIELE

Rollenspiele werden vorwiegend von Rassen mit großem sozialem Rudelinstinkt wie z. B. den Jagd- oder Hütehundrassen gespielt. Hier liegt der alte Rüde dann ergeben auf dem Rücken, während der Jungspund mit hoch erhobener Rute über ihm steht und ihn bedrohlich anbellt. In einem solchen Spiel darf also der Rangniedrige den Ranghohen jagen, bedrohen oder unterwerfen. Allerdings setzt dies voraus, dass der ranghohe Hund ein souveräner Hund mit sicherem Status im Rudelgefüge ist. Denn nur wer sich seiner Position sicher ist, begibt sich freiwillig in eine unvorteilhafte Position.

Was kann es Schöneres geben als ein wildes Rennspiel? Damit es ein Spiel bleibt, sollte aber nicht immer nur einer das Opfer spielen, echtes Spiel ist durch Rollenwechsel gekennzeichnet.

Der Hundeprofi im Einsatz:

Beurteilung von Spiel

1 Jäger und Gejagter

Bei einem Rennspiel übernimmt der vorne laufende Hund die Rolle des Opfers, er wird gejagt. Handelt es sich um echtes Spiel, ist dieses dadurch gekennzeichnet, dass der Gejagte nicht im gestreckten Galopp flieht, sondern im Spielgalopp mit luxierten Bewegungen läuft. Die Rute ist dabei oftmals in einem Bogen nach unten abgeknickt. Diese Haltung unterscheidet sich deutlich von einer eingezogenen Rute, die ein Hund zeigt, der sich wirklich verfolgt fühlt. Der Gejagte verlangsamt immer wieder auch das Tempo, er lässt den Jäger absichtlich näher aufrücken, damit die Spielspannung steigt. Echtes Spiel ist zudem gekennzeichnet durch Rollenwechsel, nach einiger Zeit sollten also die Rollen getauscht werden, der Jäger wird selbst zum Gejagten.

Spiel *Echtes Spiel ist durch einen Rollenwechsel gekennzeichnet.*

Rempelei *Viele Rassen spielen mit Körpereinsatz – da wird gerempelt, dem anderen der Weg abgeschnitten, seitlich touchiert oder frontal gestellt.*

Wilde Toberei *Achten Sie darauf, dass es nicht zu wild wird. Ihre Hunde sollen nicht trainieren, wie man andere Hunde aushebelt.*

2 Körperlicher Einsatz

- Damit das Spiel nicht in Ernst umschlägt, sollten Sie darauf achten, dass die beiden Spielpartner es nicht zu wild treiben. Denn schnell ist ein Spiel derart hochgepuscht, dass einer der Partner es übertreibt. Erfolgt daraufhin eine Korrektur durch den Spielpartner, endet das anfangs noch schöne Spiel in einem echten Streit, bei dem es auch zu Verletzungen kommen kann.

- Sie sollten von Anfang an üben, ein Spiel Ihrer Hunde unterbrechen zu können. Dieses Training starten Sie in Situationen, in denen das Spiel eher ruhig verläuft. Rufen Sie Ihre Hunde zu sich, loben Sie sie für das Kommen und lassen Sie die Hunde dann wieder miteinander spielen. So lernen Ihre Hunde schnell, dass das Spiel damit nicht vorbei ist, sondern es nur eine kurze Spiel-Unterbrechung war. Rufen Sie Ihre Hunde später in einer stark erregten Spielsituation ab, erreichen Sie damit automatisch Entspannung.

- Aber selbst wenn Sie innerhalb Ihres Rudels keine Bedenken haben und wissen, dass es trotz körperlichem Einsatz nie zu einem ernsthaften Streit kommen kann, da Ihre Hunde sich gut einschätzen können und sich gegenseitig respektieren, sollten Sie mit zu wildem Spiel vorsichtig sein. Letztendlich ist Spiel auch ein Training für den Ernstfall. Ihr Hund übt, wie er am besten einen anderen Hund zu Fall bringen kann, an welcher Stelle er ansetzen muss, wie er rempeln muss. Zudem wird er selbst immer geschickter, er trainiert quasi. Sollte es nun in einer Begegnung mit einem fremden Hund zu einer Auseinandersetzung kommen, so kann er dieses Wissen einsetzen, um sich zu behaupten. Je weniger Ihr Hund jedoch gelernt hat, sich mit körperlichem Einsatz durchzusetzen, desto besser.

Hunde unterschiedlicher Rassen können durchaus ähnliche Interessen und Charakterzüge haben. Daher ist eine individuelle Einschätzung durch einen Hundetrainer vor der Aufnahme eines Zweithundes immer ratsam.

BEISPIEL AUS DER PRAXIS

Eine English Pointer-Hündin wächst von Welpe an mit zwei Labrador Retrievern auf. Die English Pointer-Hündin liebt entsprechend ihrer Veranlagung zwei Dinge: Rennen und Vorstehen. Im Alter von neun Monaten probiert sie diese Verhaltensweisen nun immer wieder aus, denn Spielverhalten dient ja auch dazu, Verhaltensweisen für den späteren Ernstfall zu trainieren. Sie beginnt ein Rennspiel, in das die beiden Labrador Retriever-Hündinnen begeistert einsteigen. Schnell jedoch merken sie, dass keine Chance besteht, die English Pointer-Hündin einzuholen. So stoppen sie das Rennspiel, um kurz darauf die wieder in Richtung der Labrador Retriever laufende English Pointer-Hündin nach

Labrador Retriever-Art anzurempeln und aus dem Gleichgewicht zu bringen. Dazu bedarf es bei der eher zart gebauten Hündin nicht viel, sie fliegt durch die Luft und erfährt so eine für sie starke, ernsthafte Korrektur. Verunsichert über das Verhalten der Labrador Retriever beginnt die English Pointer-Hündin ein neues Spiel, dieses Mal mit einer ruhigen Position. Sie schleicht kurz an, bleibt stehen und friert in dieser Position vollkommen ein. Zum Vorstehen des English Pointers gehört der hoch getragene Kopf mit fixierendem Blick auf das wahrgenommene Wild. Den Labrador Retriever-Hündinnen ist ein solches Fixieren von Beute nicht bekannt, Vorstehen kommt in ihrem Verhaltensrepertoire überhaupt nicht vor. Daher fasst die ranghohe Labrador Retriever-Hündin das Verhalten der English Pointer-Hündin nun als ernst zu nehmende Drohung auf. Sie stürmt korrigierend auf die junge English Pointer-Hündin zu und verpasst ihr einen erzieherischen Nackenstoß. Diese ist daraufhin komplett verunsichert, sie hatte aus ihrer Sicht doch nur ein schönes Spiel im Kopf!

Das Zusammenleben dieser drei Hunde kann natürlich durch einen souverän handelnden Menschen geregelt werden. Unangebrachte Korrekturen der Labrador Retriever-Hündinnen gegenüber der English Pointer-Hündin wurden durch den Halter der Hunde verhindert, indem frühzeitig in das Spiel der Hunde eingegriffen wurde. Der Halter ließ das Spiel der Hunde gar nicht erst so lange laufen, sondern rief die Hunde immer frühzeitig aus dem Spiel heraus. Dennoch wird den Hunden damit aber die Möglichkeit zum Ausleben der innerartlichen Kommunikation genommen, die Mehrhundehaltung ja eigentlich bietet. Ein Widerspruch in sich. Eine Haltung in dieser Konstellation wäre mit Sicherheit möglich gewesen, da alle Hunde die regulierende und leitende Position des Halters akzeptierten. Der Halter entschied sich in diesem Fall aber dazu, die English Pointer-Hündin abzugeben. Sie kam zu einer Familie, in der bereits ein English Pointer-Rüde lebte. Hier gab es nun endlich jemanden, der die Hündin verstand. Die beiden English Pointer konnten stundenlang einfach nur miteinander durch den Garten rennen, oder aber sich minutenlang gegenüber stehen und bewegungslos verharrend fixieren. Für den Halter der English Pointer-Hündin war diese Entscheidung nicht leicht, doch das Leben für die Hündin weist nun mit Sicherheit mehr Lebensqualität auf als vorher – sie führt jetzt – da sie zudem auch entsprechend ihrer Veranlagung beschäftigt wird – ein glückliches Pointerleben.

Je näher sich Hunde also hinsichtlich ihrer Interessen, Ambitionen und Veranlagungen kommen, desto mehr können sie auch aus einer Mehrhundehaltung in Bezug auf gemeinsame Kommunikation mitnehmen. Dem gegenüber steht die enge Verbindung und der Zusammenschluss zu einer Interessensgemeinschaft bei Hunden mit gleichen Veranlagungen. Ob man sich daher für zwei Hunde gleicher oder unterschiedlicher Rassen und Interessen entscheidet, muss immer im Einzelfall abgewogen werden.

WICHTIG

Das Bedürfnis des Hundes

Ein Hund sucht sich in der Regel nicht aus, wo er leben möchte, der Mensch trifft diese Entscheidung für ihn. Daher sollte immer auch das Bedürfnis des Hundes im Vordergrund stehen und gegebenenfalls eine Entscheidung im Sinne des Hundes getroffen werden, auch wenn sie dem Menschen noch so schwer fällt.

VON RIESEN UND ZWERGEN

Zunächst einmal sollten Sie sich überlegen, welche Größe eines Hundes überhaupt zu Ihnen passt. Möchten Sie gerne einen Leonberger und können mit diesem auch ohne Probleme spazieren gehen, bedeutet das nicht, dass dies auch mit zwei Leonbergern der Fall ist. Zwei große Hunde müssen Sie auch in einer Notsituation halten können, d. h. wenn diese plötzlich losstürmen, sollten Sie nicht wie ein Fähnchen im Wind hinterhergezogen werden.

Es müssen also nicht immer zwei gleich große Hunde sein. Zu einem Leonberger passt auch prima ein mittelgroßer Hund, wie z. B. der Pudel. Oft bietet sich eine solche Variante sogar an, da durch die unterschiedlichen Rassen auch unterschiedliche Interessen, Ambitionen und Verhaltensweisen der Hunde bestehen (siehe S. 68).

VERLETZUNGSGEFAHR

Wichtig ist aber, dass es keine extremen Größenunterschiede gibt, da sonst die Verletzungsgefahr des kleinen Hundes wesentlich größer ist. Gerade wenn man zu Hunden, die sehr körperlich spielen – wie z. B. dem Labrador Retriever, dem Boxer oder dem Rottweiler – einen sehr kleinen Hund wie z. B. einen Rehpinscher oder aber einen Chihuahua hinzunimmt, kann es für den Kleinen gefährlich werden. Und das selbst dann, wenn beide Hunde sich bestens verstehen und es keinerlei aggressives Verhalten zwischen

Auch wenn die Colliehündin Nera um einiges größer ist als die Berger des Pyrénées-Hündin Lotte, passen beide gut zusammen. Als sensible Hütehunde meiden beide das körperliche Spiel.

ihnen gibt. Der Rottweiler braucht den Chihuahua nur einmal im Spiel über den Haufen zu rennen, anzurempeln oder mit der Pfote nach ihm zu schlagen, damit ernsthafte Verletzungen beim Chihuahua entstehen können. Kommt dann noch eine Konkurrenzsituation hinzu, in der die beiden Hunde sich z. B. um Futter oder Beute streiten, kann es für den kleinen Hund sogar tödlich enden. Ein Nackenstoß des großen Hundes kann hier schnell einen Genickbruch zur Folge haben. Selbst wenn der große Hund keine Tötungsabsicht hatte, führt das ungleiche Kräfteverhältnis zu einem solch tragischen Ende. Steht bei einer Auseinandersetzung Verletzungsabsicht oder sogar Tötungsabsicht dahinter, ist schnell klar, dass der kleine Hund kaum eine Chance hat. Vor allem in der Wohnung besteht bei dieser Kombination eine große Gefahr. Draußen kann der kleine Hund sich durch schnelles Rennen und Hakenschlagen dem großen Hund entziehen, hier macht er oft den Vorteil wett, dass er im Gegensatz zum großen Hund klein und wendig ist. In der Wohnung jedoch, wenn beide Hunde auf begrenztem Raum sind, fällt dieser Vorteil häufig weg. Natürlich könnte man beide Hunde trennen, wenn man sie alleine lassen muss, dies ist aber wohl kaum der Sinn der Mehrhundehaltung, zumal die Trennung, gerade wenn die Beziehung der beiden Hunde miteinander nicht geklärt ist, bei der Zusammenführung immer wieder einen erneuten Anlass für eine Streitigkeit bieten kann.

Die Anschaffung zweier sehr großer Hunde sollte man sich gut überlegen, denn man muss sie im Extremfall auch halten können.

Der Hundeprofi im Einsatz:

Die richtige Wahl

1 Geschlecht

Ob gleichgeschlechtlicher Partner oder Pärchenhaltung lässt sich immer nur individuell beantworten. Die Entscheidung ist von der Veranlagung des bereits vorhandenen Hundes wie auch vom Wohnumfeld des Halters abhängig.

2 Geschwister

Grundsätzlich raten wir von einem Geschwisterkauf ab. Man wird immer gegen die intensive Bindung und Kommunikation der beiden Hunde ankämpfen müssen, da sich die Hunde vom ersten Tag an kennen.

Hunderudel *Ginala versteht sich bestens mit ihrer Tochter Lilyen (links) und Sohn Jamie (rechts).*

3 Miteinander verwandte Hunde

Die Haltung von Hunden, die eng verwandt sind, kann sehr spannend sein. Problemlos ist meistens die Haltung von Mutter und Sohn oder Vater und Tochter, hier entsteht keine sexuelle Konkurrenz.

4 Alter

Im Idealfall beträgt der Altersunterschied mindestens zwei bis drei Jahre. Vorsicht ist bei der Vergesellschaftung eines sehr alten Hundes mit einem Welpen und bei der Aufnahme eines älteren Zweithundes geboten.

Graue Schnauzen *Auch ein alter Hund hat noch ein Recht auf ein Leben entsprechend seiner Bedürfnisse. Diese müssen vom Menschen geachtet werden.*

5 Interessen / Ambitionen / Veranlagungen

Ob die gleiche Rasse in Frage kommt oder Hunde mit unterschiedlichen Interessen und Ambitionen gewählt werden, lässt sich nur im Einzelfall entscheiden. Hierbei müssen auch die Interessen und Bedürfnisse des Halters berücksichtigt werden.

6 Größe

Zu große Unterschiede bei der Größe der Hunde sind ungünstig, da es bei Streitereien schnell ernst für den kleinen Hund werden kann. Zwei große Hunde können jedoch zu einem Problem für den Menschen werden.

Riesen und Zwerge *Wenn sich der große Hund seiner Kraft bewusst ist, kann auch ein kleiner Hund eine gute Ergänzung des Rudels sein.*

3

Weichenstellung

Die Entscheidung ist gefallen, die Ankunft Ihres neuen Familienmitgliedes steht bevor. Planen Sie die nächsten Wochen gut, damit das Zusammenleben harmonisch verläuft.

Natürlich können Sie die Hunde nun nicht einfach so nach Belieben zusammenbringen. Genauso wie Sie sich Gedanken über die Auswahl machen müssen, ist es wichtig, die erste Zusammenkunft genau zu planen, damit nicht schon nach dem ersten Treffen ein weiteres Zusammenleben unmöglich ist. Die Zusammenführung wird unterschiedlich verlaufen, je nachdem, ob der neue Hund ein Welpe oder ein bereits erwachsener Hund ist. Ist Ihr erster Hund gut sozialisiert, wird es kaum Probleme bei der Zusammenführung mit einem Welpen geben. Führen Sie Ihren erwachsenen Hund an der Leine und lassen Sie ihn Kontakt mit dem Welpen aufnehmen. Durch die Leine können Sie verhindern, dass er bei einer eventuellen Korrektur des Welpen zu grob wird, oder aber zu heftig bei einer Spielaufforderung. Wenn Ihr Hund freundlich und vorsichtig mit dem Welpen umgeht und Sie ihn jederzeit in einer Handlung stoppen können, ist auch ein Freilauf möglich. Anschließend in der Wohnung können Sie dem Welpen seinen Schlafplatz zeigen. Er wird sicher bald erschöpft aufgrund der vielen neuen Erfahrungen einschlafen. Handelt es sich bei Ihrem ersten Hund um eine Hündin, deren Reaktion auf Welpen Sie nicht kennen, sollten Sie allerdings auch hier die beiden Hunde genau beobachten, denn Ihre Hündin könnte den fremden Welpen heftig korrigieren. Ist der zweite Hund schon älter, müssen Sie natürlich genau wissen, wie Ihr erster Hund auf Artgenossen reagiert. Gibt es bekannte Abneigungen oder Situationen, in denen bei der Begegnung mit fremden Hunden immer Streit entsteht, dann sollten Sie diese auf jeden Fall vermeiden.

Eine harmonische Beziehung, die so leicht nichts erschüttern kann.

Kennenlernen: Bitte auf neutralem Boden

Grundsätzlich ist ein Kennenlernen der Hunde auf neutralem Boden ideal. So gibt es zumindest kein Heim, das verteidigt werden muss. Bedenken Sie bei der Auswahl des Treffpunktes aber auch, dass für manche Hunde der Spazierweg im angrenzenden Park ebenfalls zum heimatlichen Territorium gezählt wird.

BEGEGNUNG ZWEIER ERWACHSENER HUNDE

Man sollte die Hunde niemals aus großer Entfernung aufeinander zurennen lassen, denn dadurch entsteht oft eine Dynamik, die den Erstkontakt negativ enden lässt. Sie selbst sollten Ihren ersten Hund führen, während ein Helfer den zweiten Hund an der Leine hat. Wenn die Menschen sich begrüßt haben, lässt man beide Hunde von der Leine. Achten Sie dabei darauf, die Hunde nicht aufeinander zuzuschicken, da dies sonst als Signal zur „Attacke" gewertet werden kann. Selbst wenn keine Verletzungsabsicht dahinter steht, kann durch so eine dynamische spielerische Attacke der Erstkontakt schnell kippen, aus Spiel wird Ernst und die beiden Hunde beginnen eine Rauferei. Wenden Sie sich eher in die entgegengesetzte Richtung, leinen Sie Ihren Hund ab und setzen Sie sich selbst in Bewegung. Das Signal „Frei" geben Sie Ihrem Hund dabei ganz beiläufig. Nun bewegen Sie sich langsam über das Gelände, achten Sie darauf, während des Erstkontaktes nicht stehen zu bleiben. Hunde, die ihren Menschen als soziale Ressource betrachten oder sich verantwortlich für den Menschen fühlen, reagieren schnell mit Aggression, wenn sich der fremde Hund „ihrem" Menschen nähert. Zudem verhindern Sie durch die Bewegung statische Situationen der Hunde. Steht der eine Hund in T-Stellung, also quer mit der Länge seines Körpers, vor dem anderen, um diesen zu begrenzen und ihm den Weg abzuschneiden, besteht die Gefahr, dass sich daraus eine Auseinandersetzung entwickelt. Lässt sich der andere Hund die Begrenzung nicht gefallen, wird er häufig steif und versucht seinerseits das Gegenüber in der Bewegung einzuschränken, indem er z. B. den Kopf auf den Nacken des Anderen legt. Lassen Sie es nicht so weit kommen.

Geben Sie Ihrem Ersthund Sicherheit, wenn ein neues Rudelmitglied hinzukommt.

GELÄNDEBESCHAFFENHEIT

Das Gelände sollte bei diesem Erstkontakt nicht zu groß sein, damit sich die Hunde nicht zu weit entfernen. Schließlich sollen sie ja Kontakt miteinander aufnehmen! Sie haben nichts davon, wenn beide Hunde sich ignorieren und in einer Entfernung von 100 Metern an unterschiedlichen Stellen im Gelände schnüffeln. Zudem besteht bei einem sehr großen Gelände die Gefahr, dass Sie im Ernstfall nicht eingreifen können. Kommt es weit von Ihnen entfernt zu einer statischen Situation, die zu eskalieren droht, dauert es viel zu lange, bis Sie bei den Hunden sind, um zu reagieren. Das Gelände darf aber auch nicht zu klein sein, damit jeder der Hunde eine Rückzugsmöglichkeit hat. Fühlt sich ein Hund bedrängt, muss er ausweichen können! Handelt es sich um Hunde, bei denen der Erstkontakt bekanntermaßen aggressiv ausfällt, kann man diesen entschärfen, indem man beide Hunde auf getrennte Wiesen lässt. So ist zunächst einmal noch ein Zaun dazwischen. Ist der neue Hund für den ersten Hund dann bereits uninteressant, lässt man beide Hunde zusammen. Auch hierbei sollten Sie wieder darauf achten, nicht etwa ein Startsignal zu geben. Öffnen Sie eher beiläufig die Tür zwischen den beiden Wiesen und spazieren Sie zwanglos in die Richtung des fremden Hundes. War der erste Kontakt positiv, können Sie einen kleinen Spaziergang starten.

Unterschiedliche Rassen können gut zueinander passen, es muss immer individuell entschieden werden, ob zwei Hunde miteinander leben können.

Gerade wenn ein Welpe zu einem älteren Hund zieht, ist es wichtig, dass die Beziehung zu Ihrem alten Hund stabil ist. Dann wird er Miterzieher für Ihren kleinen Neuzugang.

BEGEGNUNG ERWACHSENER HUND – WELPE

Bei der Begegnung Ihres Ersthundes mit einem Welpen sollten Sie besonders vorsichtig sein, denn Ihr Welpe soll ja nicht direkt am ersten Tag im neuen Heim eine negative Erfahrung machen, zumal eine übertrieben heftige Korrektur eines erwachsenen Hundes gegenüber einem Welpen auch schnell zu Verletzungen des Welpen führen kann. Gerade wenn Sie nicht wissen, wie sich Ihr Hund gegenüber Welpen verhält, sollten Sie ihn beim Erstkontakt durch eine Leine sichern, um im Notfall schneller eingreifen zu können. Dynamische Spiele sind mit dem kleinen Welpen ohnehin noch nicht möglich. Sehr häufig wird der erwachsene Hund lediglich kurz an dem Welpen schnuppern und sich dann ignorant wegdrehen. Hunde setzen Ignoranz häufig als Erziehungsmittel ein. Warum sollte ein erwachsener Hund in Freude ausbrechen, weil so ein kleiner, nerviger Zwerg vor seiner Nase auftaucht? Seien Sie daher nicht enttäuscht, die Freude und Aufregung, die Sie in Bezug auf Ihr neues Familienmitglied empfinden, wird Ihr Ersthund in der Regel nicht teilen.

IGNORANZ

Ignoranz setzen besonders erwachsene Hunde in der Erziehung von Welpen und Junghunden ein. Der nervige Junghund, der immer wieder vor dem erwachsenen Hund auf und ab hüpft, diesen anbellt und herausfordert, wird einfach komplett ignoriert. Der erwachsene Hund geht dabei oft demonstrativ schnüffelnd über die Wiese, er signalisiert damit dem Welpen, dass dieser vollkommen unwichtig ist, keine Rolle spielt, und es gerade viel wichtigere und interessantere Dinge zu tun gibt. Zudem zeigt der erwachsene Hund dem Welpen damit, dass er in der Beziehung die Entscheidung trifft. Stellt der Welpe irgendwann sein Verhalten ein, kann es nämlich durchaus vorkommen, dass der erwachsene Hund ihn zum Spiel auffordert. Er sucht sich einen Tannenzapfen oder einen anderen spannenden Gegenstand und läuft damit demonstrativ vor dem Welpen auf und ab, bis ein herrliches Spiel um die Beute entsteht.

VON HUNDEN LERNEN

Auch der Mensch sollte Ignoranz zur Erziehung seiner Hunde einsetzen. Ihr Hund steht jammernd am Tisch und möchte einen Happen Ihrer Mahlzeit erbetteln? Ignorieren Sie ihn einfach. Ihr Hund bringt Ihnen den Ball, legt diesen auf Ihren Schoß, während Sie gerade gemütlich im Sessel sitzen? Ignorieren Sie ihn! Leider fällt aber gerade das uns Menschen sehr schwer. Denn Ignorieren heißt, den Hund nicht anzufassen bzw. anzusprechen. Und dazu gehören neben Sätzen wie:„Nein, jetzt nicht, wir spielen später." oder „Du hattest doch schon dein Futter!" auch Korrekturmaßnahmen wie „Hör jetzt mit dem Bellen auf!" Jede Form der Aufmerksamkeit ist in diesem Fall eine Reaktion auf die Aktion Ihres Hundes und bestätigt diesen. Zwar hat er noch nicht erreicht, dass Sie wie gewünscht reagieren, aber zumindest hat er bei Ihnen eine Reaktion ausgelöst. Dies führt dazu, dass er sein Verhalten weiter durchführen wird, in der Hoffnung, dass Sie nun bald auch die richtige Reaktion zeigen. Ignorieren heißt aber auch, den Hund nicht einmal anzuschauen. Hunde sind gute Beobachter, die auch kleinste Reaktionen von uns Menschen deuten können. Selbst geringste Veränderungen in der Mimik oder Bewegungen der Augen werden vom Hund erkannt. Wenn Sie also insgeheim das Verhalten Ihres Hundes lustig finden und dies durch ein Lächeln und einen Blick in Richtung des Hundes zeigen, hat Ihr Hund wieder einen Punkt für sich gemacht. Sie haben auf seine Forderung reagiert, er wird weiter versuchen, Sie zu der von ihm gewünschten Reaktion zu manipulieren. Gerade wenn Sie also dabei sind, die Mensch-Hund-Beziehung zu verändern, da bisher Ihr Hund derjenige ist, der sämtliche Entscheidungen trifft, sollten Sie auf solche Forderungen Ihres Hundes nicht eingehen.

WICHTIG

Lenken und Führen

Der ranghohe Partner in einer Beziehung trifft die Entscheidung. Dies heißt nun aber nicht, dass man niemals auf die Forderung eines Hundes eingehen dürfte. Ist die Mensch-Hund-Beziehung in Ordnung, sind Sie also derjenige, der das Leben der Gemeinschaft lenkt und leitet, können Sie natürlich auch ab und an entscheiden, auf eine Spielaufforderung Ihres Hundes einzugehen. Dies sollte aber nicht immer geschehen. Immer wieder einmal sollten Sie sich auch dazu entscheiden, Ihren Hund zu ignorieren, und einfach mit der Beschäftigung fortfahren, die Sie gerade durchführen.

Im neuen Zuhause: Die ersten Tage

Wenn man nun den zweiten Hund mit nach Hause nimmt, ist es wichtig, die Rangordnung zu beachten. Hierbei kommt es darauf an, was Ihrem ersten Hund wichtig ist. Ist Ihr erster Hund territorial veranlagt und sind ihm Liegeplätze wichtig, sollten Sie sich bereits vor dem Einzug des neuen Hundes Gedanken über die Gestaltung der Liegeplätze machen. Der neue Hund wird dann einen strategisch unwichtigeren Liegeplatz als den des ersten Hundes bekommen, also z. B. ein Stück hinter dessen Liegeplatz. Ist Ihr erster Hund stark beuteorientiert und verteidigt sein Spielzeug auch schon einmal gegenüber anderen Hunden, sollten Sie alle Spielzeuge für die Hunde nicht frei zugänglich weggeräumt haben. Hat Ihr Hund großes Interesse an Futter und verteidigt dies eventuell sogar, sollte kein Futter zur freien Verfügung stehen. Ebenso sollten keine Kauknochen in der Wohnung herumliegen. Wichtig ist es dabei, diese Dinge nicht erst an dem Tag zu verändern, an dem Ihr neuer Hund einzieht. Ist der Hund es gewohnt, an einer bestimmten Stelle zu liegen oder über Ressourcen zu verfügen, kann der Entzug dieser Privilegien zunächst einmal zu Frust führen. Und Frust lässt man gerne an demjenigen aus, der neu hinzugekommen ist, sich nicht auskennt und sich daher noch unsicher verhält, in diesem Fall am neuen Hund. Deshalb ist es wichtig, die Ankunft des neuen Hundes schon mehrere Wochen vorher vorzubereiten. Ebenso sollte es auch jetzt schon Zeiten geben, in denen Sie sich nicht mit Ihrem Hund beschäftigen. Auch als Einzelhund sollte er nicht den ganzen Tag im Mittelpunkt stehen, sondern sich auch einmal auf seinen Liegeplatz zurückziehen.

RANGORDNUNG BEACHTEN

Im Umgang mit den Hunden ist es wichtig, immer wieder die Rangfolge zu beachten, besonders in den Bereichen, die für Ihren ersten Hund von Bedeutung sind. Er bekommt also z. B. immer zuerst Futter oder einen Knochen, Sie spielen immer zuerst mit ihm, und er darf auch zuerst mit Ihnen trainieren oder spazieren gehen. Wenn der erste Hund keinerlei Ansprüche bezüglich Futter,

Spielzeuge sind Ressourcen, die einem Hund wichtig sein können.

Zieht ein Zweithund neu ein, sollten sämtliche Ressourcen wie z. B. Spielzeug oder Knochen weggeräumt werden, sodass es in der ersten Zeit keine Streitigkeiten hierüber geben kann.

Beute, sozialer Aufmerksamkeit oder Territorialität zeigt, der neue Hund in dieser Beziehung aber eher dominant ist, wird natürlich der neue Hund bevorzugt behandelt. Oft ändert sich irgendwann in einem Rudel auch die Rangfolge, d.h. wenn der Welpe erst einmal drei Jahre alt und erwachsen geworden ist und der erste Hund dann ein alter Hund von zehn oder elf Jahren ist, wird sehr häufig der jüngere Hund die Führung übernehmen. Dies passiert oft schleichend über mehrere Monate, ist aber am Verhalten der Hunde deutlich zu erkennen. Wer begrenzt wen räumlich, wer läuft zum Zaun um zu bellen, wenn Fremde vorbeigehen, wer darf als erster Besuch begrüßen? Oftmals reichen dabei sehr kleine Gesten.

Daher ist es wichtig, dass die Menschen ihre Hunde genau beobachten. Wenn der Zeitpunkt des Wechsels gekommen ist, muss auch der Mensch diese veränderte Führung akzeptieren und sein Verhalten ändern. Jetzt muss der junge, ranghöhere Hund in den ihm wichtigen Bereichen bevorzugt werden.

Das ist oft der Punkt, der dem Menschen besonders schwerfällt. Jahrelang war der erste Hund der Liebling aller und jetzt soll er plötzlich der Letzte im Rudel sein? Hält man sich aber nicht an diese veränderte Rangordnung, kann es gravierende Probleme zwischen den Hunden geben. Der nun ranghöhere Hund wird seinen Ärger über die bevorzugte Behandlung des Althundes nicht am Menschen auslassen. Er wird den alten Hund dafür korrigieren, dass dieser so frech war und sich so viele Privilegien herausgenommen hat.

Hält man sich in Zeiten des Wechsels nicht an die neue Rangordnung, kann es auch zu Autoaggressionen bei dem nun rangniedrigen Hund kommen, da dieser den Stress, in eine ihm nicht zustehende Position gedrängt zu werden, dann an sich selbst abreagiert. Dabei werden dann z. B. die Pfoten geleckt und angeknabbert, bis das Fell ausfällt oder sogar blutige Stellen sichtbar werden. Dies hat dann nichts mit einer oft vermuteten Allergie zu tun.

DIE ERSTEN STUNDEN

Lassen Sie die beiden Hunde in die Wohnung, dabei darf Ihr Ersthund vor dem neuen Hund die Wohnung betreten. Vermeiden Sie nun zunächst alle Handlungen, die zu Spannungen führen können. Der neue Hund darf sich natürlich erst einmal etwas umsehen, in alle Räume brauchen Sie ihn aber noch nicht zu lassen. Nach und nach kann er im Laufe des Tages die gesamte Wohnung kennenlernen. Bewegen Sie sich anfangs wieder ein wenig, räumen Sie z. B. Einkäufe weg. So vermeiden Sie statische Situationen, die gerade in der Enge der Wohnung, in der keiner der Hunde richtig ausweichen kann, schnell eskalieren können. Wenn Sie merken, dass beide Hunde die Anwesenheit des anderen akzeptieren, lassen Sie Ruhe aufkommen. Setzen Sie sich hin, lesen Sie ein Buch oder schauen Sie fern. Die Hunde sollen dadurch auch zur Ruhe kommen und sich im Idealfall in ihre Körbchen legen. Zeigen Sie dem neuen Hund dabei seinen neuen Liegeplatz. Vielleicht erleben Sie an dieser Stelle ja bereits, dass die beiden Hunde freundschaftlichen Kontakt miteinander aufnehmen, sich gemeinsam in ein Körbchen legen oder gemeinschaftliche Körperpflege betreiben. Sollte dies nicht der Fall sein, machen Sie sich keine großen Gedanken, auch Hunde müssen einen neuen Partner erst einmal kennenlernen, bevor Sie Zärtlichkeiten

Jamie und Ginala lieben das Zerrspiel mit dem Zerrseil.

WICHTIG

Änderungen im Alltag vor dem Einzug des neuen Hundes

Bei Aggression in Bezug auf Beute oder Futter

Streitobjekte wie z. B. Spielzeug oder Knochen sollten nicht frei zugänglich herumliegen. Futter steht nicht frei zur Verfügung.

Bei territorial motivierter Aggression

Strategisch wichtige Plätze stehen keinem Hund zu, so kann es auch nicht zum Streit darüber kommen, wer die Gäste zuerst begrüßen darf. Besuch begrüßt generell der Mensch zuerst.

Ebenso dürfen die Hunde nicht alleine im Garten bleiben, so kann niemand die Verteidigung des Zaunes für sich beanspruchen.

Bei sozial motivierter Aggression

Liegeplätze in Bezug auf die Menschen werden unstrategisch zugeteilt, der Hund muss lernen, dass er auch einmal nicht an der Reihe ist.

Andrea beteiligt sich am Zerrspiel der Labrador Retriever Jamie, Ginala und Lilyen.

Andrea nutzt das Spiel, um auch in „aufgeheizten" Situationen das Signal „Schluss" zu üben.

miteinander austauschen oder große Nähe zulassen. Beginnen Ihre Hunde ein Spiel, dürfen Sie auch dies natürlich zulassen, achten Sie nur darauf, dass das Spiel nicht zu wild wird. Die Wohnung soll Ruhezone sein, miteinander getobt werden kann draußen beim Spaziergang oder im Garten. Entsteht durch ein Zerrspiel um ein Spielzeug eine wilde Rangelei, bei der die Hunde durch die ganze Wohnung sausen, unterbrechen Sie einfach das Spiel. Hierbei hilft es wieder, wenn Sie mit Ihrem ersten Hund bereits das Abrufen aus dem Spiel trainiert, sowie ihm das Signal „Schluss" (siehe S. 93) beigebracht haben. Dann können Sie Ihren ersten Hund nämlich einfach rufen, das Spielzeug abnehmen und das Spiel mit „Schluss" beenden. Dabei brauchen Sie nicht laut oder böse zu werden, Sie wollen die Hunde nicht korrigieren, sondern ihnen lediglich klarmachen, dass dieses Spiel generell zwar erlaubt, jedoch momentan nicht angebracht ist.

TRAININGSPLAN SIGNAL „HIER"

Das Signal „Hier" hat für den Alltag mit Hund eine große Bedeutung. Wir benötigen es nicht nur, wenn wir den Hund rufen möchten, um den Spaziergang zu beenden und unseren Hund anzuleinen. Auch für den Abbruch eines unerwünschten Jagdverhaltens oder aber einer Scheinattacke auf einen Artgenossen oder Menschen ist ein gut aufgebautes Rückrufsignal unabdingbar und kann dem Hund gegebenenfalls sogar das Leben retten.

Hat jeder Hund im Einzeltraining gelernt, auf Pfiff zu kommen, ist es meist kein Problem, mit der Pfeife auch mehrere Hunde zu rufen. Auf den Pfiff sollten immer alle Hunde kommen.

Da der Hund oftmals gelernt hat, ein bereits bestehendes Signal zu missachten und selbst zu entscheiden, ob er kommt oder nicht, macht es Sinn, ein vollkommen neues Signal aufzubauen. Die Verwendung einer Pfeife bietet dabei einige Vorteile, zum einen ist sie weit zu hören, zum anderen bleibt sie emotional neutral. Der Pfiff hört sich immer gleich an, egal ob Frauchen damit einfach nur den Spaziergang beenden will oder ob der Hund beim Hetzen eines Kaninchens geradewegs auf die vielbefahrene Hauptstraße zurennt.

AUFBAU DES SIGNALS

Damit Ihr Hund lernt, auf Pfiff zu kommen, trainieren Sie zunächst einmal ohne Ablenkung, entweder in den eigenen vier Wänden oder im Garten. Für das Training wird ein besonders begehrtes Leckerchen bereitgehalten, dieses sollte der Hund ohne lange zu kauen herunterschlucken können, da mehrere Übungen in einem kurzen Zeitraum hintereinander durchgeführt werden sollen.

Ihr Hund läuft nun frei im Garten. Machen Sie ihn nun auf sich aufmerksam, indem Sie z. B. seinen Namen rufen und ihn locken, indem Sie sich hinhocken oder in die Hände klatschen. Halten Sie dabei ein Leckerchen bereits in der geschlossenen Hand, sodass Ihr Hund es aus der Entfernung nicht sehen kann. Er soll schließlich nicht lernen, nur zu kommen, wenn er das Futter sieht. Der Hund soll die Belohnung jedoch direkt im Anschluss an das Kommen erhalten, damit er sie mit dieser Handlung verknüpfen kann. Kramen Sie erst noch lange in der Tasche, um an das Leckerchen zu gelangen, hat Ihr

Hund sich eventuell schon wieder abgewendet oder aber ist mit einer anderen Sache beschäftigt. Ist Ihr Hund auf dem Weg zu Ihnen und kurz vor Ihnen, dann geben Sie das neue Signal, also den Pfiff. So kann der Hund keinen Fehler machen. Würde der Pfiff zu Beginn des Trainings schon kurz nach dem Loslaufen des Hundes gegeben, könnte es z. B. passieren, dass dieser noch einen anderen spannenden Geruch in die Nase bekommt, dem er folgt. Den Pfiff würde er damit ignorieren und somit lernen, dass er selbst entscheiden kann, was er beim Ertönen des Signals macht.

Im Verlauf des Trainings geben Sie das Signal nun immer früher, bis es schließlich zum Rufen des Hundes verwendet werden kann. Der Hund hat jetzt gelernt, dass der Pfiff bedeutet: „Komm her!" Nun steigern Sie langsam die ablenkenden Reize, bis Ihr Hund schließlich auch aus einer für ihn spannenden Situation abgerufen werden kann. Je mehr Sie dabei Ihren Hund beobachten und ihn nur dann rufen, wenn Sie sicher sind, dass er auch wirklich kommt, desto besser wird der Pfiff später auch in kritischen Situationen funktionieren.

Damit es für die alte Hündin nicht zu viel wird, ist das Erlernen des Signals „Schluss" wichtig für Easy.

TRAININGSPLAN SIGNAL „SCHLUSS"

„Schluss" hat die Bedeutung: „Hör sofort auf mit dem, was du da gerade tust". Es stellt also den Abbruch einer Handlung dar, die ansonsten aber durchaus erlaubt bzw. manchmal sogar erwünscht sein kann, wie z. B. ein gemeinsames Sozialspiel zwischen Mensch und Hund.

Spielen Sie ein ausgelassenes Sozialspiel mit Ihrem Hund. Mitten im Spiel brechen Sie das Spiel ab, indem Sie aufstehen, sich wegdrehen und den Hund ignorieren. Dabei geben Sie das Signal „Schluss". Auch durch die Zuteilung einer Ressource kann ein Hund lernen, was „Schluss" bedeutet. Hat Ihr Hund z. B. einen Knochen bekommen, nehmen Sie ihm diesen mit dem Signal „Schluss" nach einiger Zeit wieder weg. Er kann ihn später wieder bekommen, sodass er die Lernerfahrung macht, dass das Verhalten nicht generell, sondern nur momentan nicht mehr erwünscht ist.

„Schluss" bedeutet somit das Beenden von etwas Schönem, da es aber keine Korrektur für den Hund ist, wird dieser das Signal nicht als etwas Negatives empfinden.

Im nächsten Schritt kann das neue Signal nun auch für das Unterbrechen des Spiels genutzt werden. Dazu wählen Sie einen Augenblick aus, in dem beide Hunde nicht so stark in das gemeinsame Spiel vertieft sind und das Spiel noch nicht stark körperlich ist. Es erfolgt wieder das Signal „Schluss". Hören beide Hunde auf, werden sie gelobt. Sollten sie direkt danach wieder beginnen zu spielen, wird jeder Hund auf einen Liegeplatz geschickt. Die beiden Plätze sollten dabei so weit auseinander liegen, dass die Hunde keinen direkten Kontakt zueinander aufnehmen können. Im Laufe des Trainings kann nun ein immer spannenderes Spiel unterbrochen werden.

Klare Regeln: So klappt das Zusammenleben

Der Mensch als Leiter des Rudels hat nichts mit einem autoritären Diktator zu tun. Er setzt nicht mit Gewalt und unter allen Umständen seinen Willen durch, sondern regelt durch Einsicht und Erfahrung das Leben im Rudel, indem er alle Mitglieder und deren Bedürfnisse im Blick hat.

KONSEQUENZ ERLEICHTERT DEN ALLTAG

Der Mensch sollte wie auch beim Einzelhund klare Regeln definieren, die im Zusammenleben von allen eingehalten werden müssen. Sie müssen sich also von Anfang an Gedanken darüber machen, welche Regeln in Bezug auf Ihren vorhandenen Hund notwendig sind, bzw. welche Regeln Ihnen allgemein wichtig sind. Gilt mal dies, mal das, ist das für Hunde nicht verständlich und wird schnell zu Stress und gegebenenfalls zu Streitigkeiten führen. Dürfen die Hunde also normalerweise z. B. nicht auf das Sofa, wenn Sie sich aber gerade nicht gut fühlen, ist eine Ausnahme erlaubt, sind Sie aus Sicht des Hundes nicht konsequent. Ihr Hund wird dann immer wieder einmal testen, ob es heute nicht vielleicht doch erlaubt ist, auf dem Sofa zu liegen. So ergibt sich eine ständige Diskussion, die mit zwei Hunden dann schnell anstrengend werden kann. Über die folgenden Dinge sollten Sie sich daher vorab Gedanken machen.

WO SOLLEN DIE HUNDE LIEGEN?

Gibt es für jeden Hund ein eigenes Körbchen, oder aber einfach mehrere gemeinschaftliche Körbchen? Dürfen die Hunde mit auf der Couch liegen und im Bett schlafen?

Welche Variante Sie wählen sollten, hängt zum einen von der Anzahl der Hunde ab – mit vier großen Hunden wird es auch in einem großen Doppelbett schnell zu eng, wenn noch zwei Menschen dort liegen sollen! Zum anderen muss bedacht werden, inwieweit einem der Hunde die Liegestelle aus territorial motivierten Gründen (Wer ist näher an der Tür um aufzupassen?) oder sozial motivierten Gründen (Wer darf näher an Frauchen oder Herrchen liegen?) wichtig ist.

WO UND WIE WERDEN DIE HUNDE GEFÜTTERT?

Gibt es Aggression in Bezug auf Nahrung, müssen beide Hunde eventuell getrennt voneinander, gegebenenfalls in getrennten Räumen gefüttert werden. Gibt es hier bereits beim ersten Hund feste Regeln, hat man später weniger Probleme. So sollte der erste Hund bereits gelernt haben, in Ruhe auf seinem Platz zu warten, wenn das Futter zubereitet wird, und erst auf Signal an den Napf zu gehen.

WIE TRANSPORTIEREN SIE DIE HUNDE IM AUTO?

Gerade wenn Hunde auf engstem Raum miteinander eingesperrt sind, kann es zu einem Streit kommen. Hunde, die mit der Nähe des anderen Hundes kein Problem haben, können natürlich gemeinsam in einer Box untergebracht werden. Jedoch kann auch der Junghund, der den alten Hund ständig nervt, durch eine Korrektur des alten Hundes schwer verletzt werden, da diese unter Umständen durch die enge Situation heftiger als beabsichtigt ausfällt. Aber auch wenn es nicht zu einer Korrektur des jungen Hundes durch den alten Hund kommt, kann der Aufenthalt dadurch sehr stressig für den alten Hund werden. Da das Auto aber ein Platz sein soll, an dem die Hunde sich entspannen und in Ruhe hinlegen sollen, kann es auch aus diesem Grund Sinn machen, die beiden Hunde durch eine Wand in der Box zu trennen. Ist dies aus Platzgründen nicht möglich, können Sie z. B. auch einen der Hunde im Heck des Kombis und den zweiten Hund auf der Rückbank unterbringen. Achten Sie aber in jedem Fall darauf, dass die Hunde durch eine Box, ein festes Gitter oder aber durch ein am Gurtadapter befestigtes Geschirr gesichert sind. Vielen alten Hunden fällt der Sprung in den Kofferraum sowieso schwer, sie sind daher oftmals froh, wenn sie auf der Rückbank Platz nehmen dürfen, und genießen die Nähe zum Menschen.

Klare Regeln im Alltag, z. B. bei den Liegeplätzen, der Fütterung oder auch dem Platz im Auto, sind bei der Haltung von mehreren Hunden wichtig.

UMGANG MIT KAUKNOCHEN UND SPIELZEUG?

Sie müssen sich Gedanken über das Füttern von Kauknochen machen. Was passiert, wenn ein Hund den Knochen nicht auffrisst? Um Streit zu verhindern, sollten Sie diesen einsammeln. Auch Spielzeug darf nur dann frei herumliegen, wenn es bei keinem der Hunde Probleme in Bezug auf die Beanspruchung von Beute gibt.

WELCHE REIHENFOLGE MUSS MAN BEI VERSORGUNG BZW. TRAINING EINHALTEN?

Hier kommt es darauf an, wie die Rangordnung Ihrer Hunde aussieht und was ihnen wichtig ist. Dabei kann es z. B. darum gehen, welcher Hund zuerst das Futter hingestellt bekommt, welcher Hund zuerst einen Kauknochen oder ein Leckerchen bekommt. Ist Sozialkontakt mit dem Menschen wichtig, muss man sich Gedanken darüber machen, welcher der Hunde als erstes begrüßt und gestreichelt wird, welcher der Hunde zuerst gebürstet wird und wer als erstes mit zum Training bzw. Spaziergang darf, bzw. wer beim gemeinsamen Training zuerst eine Aufgabe erfüllen darf. Dabei muss mit dem Hund begonnen werden, der ranghöher ist, bzw. dem die jeweilige Sache wichtig ist, erst danach ist der andere Hund an der Reihe. Um den Anspruch des ersten Hundes zu unterstützen, sollte man dann zum Ende noch einmal kurz diesen Hund beachten bzw. mit ihm trainieren.

Die beiden Labrador Retriever fressen ein Rinderohr, jeder auf dem eigenen Liegeplatz.

STREIT GEHÖRT ZUM LEBEN

Kleinere Rudelstreitigkeiten klären die Hunde untereinander, der Mensch mischt sich nicht ein. Nur so können die Hunde ihre Beziehung zueinander klären und ihre Position in der Familie finden. Hat der ältere Hund z. B. keine Lust darauf, dass der jüngere Hund sich in seinen Korb legt, und knurrt ihn tief und mit fixierendem Blick an, ist dies sein gutes Recht! Jeder Hund hat ein Recht darauf, dass der andere einen bestimmten Abstand einhält. Diese Individualdistanz kann dabei vom Gegenüber abhängig variieren, sie kann aber auch je nach Situation und Stimmung des Hundes unterschiedlich sein. Akzeptiert der junge Hund die Anweisung des alten Hundes und legt sich in ein anderes Körbchen, kann es sein, dass sich ein paar Stunden später ein vollkommen anderes Bild ergibt. Der junge Hund darf nun ohne Probleme in das Körbchen des alten Hundes kommen und sich eng an ihn kuscheln. Genauso darf ein Hund natürlich seinen Futternapf, seinen Knochen oder auch ein Spielzeug, mit dem er sich gerade beschäftigt, verteidigen. Besitz wird unter Hunden in der Regel akzeptiert, auch der rangniedrige Hund hat ein Recht

Ginala zeigt Jamie deutlich mit gerunzeltem Nasenrücken und leisem Knurren, dass es hier für ihn nichts zu holen gibt und er besser auf Abstand bleiben soll.

auf die Beanspruchung von Nahrung und Beute. Lediglich wenn ernste Verletzungen entstehen können, sollte man als Mensch eingreifen. Dieses muss je nach Mensch-Hund-Kombination individuell geschehen. Im Idealfall reicht ein kurzes Signal, wenn nötig und möglich, trennt man die Hunde auch, indem man dazwischen geht. Achten Sie dabei aber bitte immer darauf, dass Sie selbst nicht verletzt werden. Verletzungen an Händen und Armen sind in solchen Fällen keine Seltenheit. Hier können Handschuhe und eine feste Jacke hilfreich sein. Meistens liegt die Ursache nicht, wie so oft behauptet wird, darin begründet, dass der Hund den Menschen nicht bemerkt und sozusagen unbeabsichtigt in die Hand gebissen hat, sondern darin, dass der Hund die Einmischung des Menschen nicht akzeptiert und bewusst als Korrekturmaßnahme nach dem Menschen geschnappt hat.

TRENNUNG VON HUNDEN

Kleinere Hunde können Sie alleine noch relativ gut trennen, indem Sie beide Hunde im Nacken packen. Zwei große Hunde können Sie nur zusammen mit einer weiteren Person trennen. Denn Sie müssen nach der Trennung auf jeden Fall darauf achten, dass die beiden Hunde nicht mehr aneinander gelangen können. Ein Angriff nach einer solchen Trennung durch den Menschen wird immer um ein Vielfaches heftiger ausfallen. Sie müssen die beiden Kontrahenten jetzt bis auf Blick- und Hörweite trennen und zur Ruhe kommen lassen. Erst dann können Sie – je nachdem was die Ursache des Streites war – eine Zusammenführung der Hunde angehen. Bis beide Hunde sich vollkommen beruhigt haben, kann eine längere Zeitspanne eines ganzen Tages oder sogar von mehreren Tagen vergehen.

FUTTERAGGRESSION

Sind Probleme z. B. in Bezug auf Futteraggression des einen Hundes gegenüber anderen Hunden bereits bekannt, sollte man dabei natürlich keinen Streit der Hunde riskieren. Hier gibt von Anfang an der Mensch die Regeln vor. Beide Hunde lernen auf ihrem Platz liegen zu bleiben, während das Futter zubereitet wird. Sie werden dann einzeln gerufen und an weit auseinander liegenden Stellen, gegebenenfalls sogar in unterschiedlichen Räumen, gefüttert. Ist ein Hund fertig, darf er nicht in die Nähe des anderen Hundes gelassen werden. Am besten schicken Sie ihn dann wieder auf seinen Liegeplatz. Hier muss er solange bleiben, bis auch der zweite Hund das Futter gefressen hat.

WICHTIG

Beißerei

Sind die beiden Hunde fest ineinander verbissen, dürfen Sie diese auf keinen Fall auseinanderziehen. Dies würde zu schweren Verletzungen aufgrund von Risswunden führen. Drücken Sie die beiden Hunde im Maulbereich fest gegeneinander. Dies führt in der Regel dazu, dass die Hunde den Biss lockern und Sie nun eine Trennung durchführen können. Manchmal hilft es auch einfach, einen Eimer Wasser über den Hunden auszuleeren, eine Alternative, die in der Wohnung natürlich meistens nicht in Frage kommt.

ZUWENDUNG

Kommt es zu einem Streit der beiden Hunde, dürfen Sie den Unterlegenen des Streites nicht trösten, denn oft ist dieses der Rangniedrigere. Bekommt er jetzt Aufmerksamkeit, kann der Ranghöhere nun wiederum den Rangniedrigeren für die erlangte Aufmerksamkeit, die diesem seiner Meinung nach nicht zusteht, bestrafen. Im Extremfall müssen die Rangniedrigeren eher auf Distanz gehalten werden und es muss jegliche Zuwendung in Anwesenheit des Ranghöheren vermieden werden. In einer solchen Situation ist es besonders wichtig, viel Zeit mit den Hunden einzeln zu verbringen, denn jeder Hund hat ein Recht auf Zuwendung und Nähe! Hier muss man sich dann die Frage stellen, inwieweit eine solche Situation auf Dauer für die

Schnell kann aus Spiel Ernst werden, wenn einer der Spielpartner extrem bedrängt wird.

Daher sollte der Mensch gerade bei „körperlichen" Rassen das Spiel immer wieder einmal unterbrechen.

Der junge stürmische Labrador-Rüde Jamie möchte an den Knochen der Weißen Schäferhündin. Diese macht ihm mit fixierendem Blick klar, dass er besser Abstand hält.

Beteiligten überhaupt tragbar ist. Die Menschen müssen ständig Acht geben, dass sie dem rangniedrigen Hund nicht unbeabsichtigt Aufmerksamkeit schenken, die Hunde leben 24 Stunden am Tag in einer angespannten Situation. Kann die Beziehung der Hunde untereinander nicht geklärt werden, muss über die Abgabe eines der Hunde nachgedacht werden.

EINGREIFEN DES MENSCHEN

Auch wenn einer der Hunde ständig gemobbt wird, ist ein Eingreifen durch den Menschen nötig. Da stellt sich dann die Frage, wo hört eigentlich Spiel auf und wo fängt Streit an? Immer dann, wenn das Spiel einseitig wird, das heißt, wenn immer nur einer den anderen auffordert, jagt oder rempelt, wird es kritisch. Wenn dann der auffordernde Hund Drohungen oder Ignoranz des anderen nicht akzeptiert, kann es schnell zum Streit kommen.

Solange der jüngere Hund die Korrekturen des älteren Hundes akzeptiert, ist ein Eingreifen durch den Menschen nicht nötig. Lässt der jüngere Hund aber trotz Korrekturen den älteren nicht mehr in Ruhe, muss der Mensch korrigierend einwirken. Am besten beendet man eine solche Situation, indem man beide Hunde auf ihren Platz schickt. So wurde der jüngere Hund in seine Grenzen verwiesen, der ältere Hund läuft nun aber nicht frech herum und hat mehr Privilegien als der jüngere, ranghöhere Hund. Grundsätzlich sollte man zudem niemals zu raues Spiel der Hunde zulassen. Zum einen kann dadurch schnell die Situation entstehen, dass einer der Hunde sich so bedrängt fühlt, dass er sich defensiv verteidigen muss. Einen solchen Streit lässt man am besten gar nicht erst entstehen. Zum anderen sollen die Hunde nicht trainieren, wie man am geschicktesten in einem Ernstkampf den Gegner aushebelt. Denn Spiel ist nicht einfach nur Spiel, es ist immer auch ein Training für den Ernstfall. Und für diesen Ernstfall brauchen die Hunde gar nicht erst vorbereitet zu sein.

GRUPPENMANAGEMENT

Gerade in der Zeit des Positionswechsels muss man besonders darauf achten, den jungen Hund zu unterstützen. Denn dieser ist sich seiner Position ja noch nicht sicher, er ist noch nicht der souveräne, erfahrene Hund. Denn als solcher wird er über Privilegien, die dem Althund zugestanden werden, gerne auch einmal hinwegsehen, da er weiß, dass dies seine generelle Stellung im Rudel nicht gefährdet.

Dies heißt nun aber nicht, dass der junge Hund den alten Hund ständig bedrängen darf, auch der alte Hund hat Rechte und Anspruch auf ein entspanntes Leben. Hier ist nun der Mensch gefragt, er muss das Leben im Rudel lenken und

Auch alte Hunde haben Rechte. Die 10 Jahre alte Mischlingshündin hat ein großes Ruhebedürfnis und ist nicht mehr so schnell unterwegs.

leiten. Braucht der Senior z. B. etwas länger, bis er sein Futter aufgefressen oder den Kaukno-chen verspeist hat, und der junge Hund versucht an den Futternapf zu gelangen oder bedrängt den alten Hund, der auf seiner Decke liegt und den Kauknochen kaut, muss der Mensch ihm klar machen, dass dieses Verhalten nicht erlaubt ist. Der junge Hund wird dann auf seinen Platz geschickt und muss warten, bis der Senior fertig ist. Erst dann darf auch der junge Hund wieder aufstehen und nachsehen, ob es vielleicht ein paar Krümel auf der Decke gibt oder aber der Napf nicht ordentlich ausgeschleckt wurde. Auch wenn der junge Hund beim Spiel übertreibt, zu körperlich wird, sodass der alte Hund an Grenzen stößt, muss der Mensch eingreifen. Beide Hunde werden gerufen und mit dem Signal „Schluss" wird das Spiel beendet.

Viele Dinge ergeben sich aber gerade bei der Kombination alter Hund – junger Hund durch die unterschiedlichen Interessen und Bedürfnisse von selbst. Der junge Hund ist aktiv, er will mit seinem Menschen unterwegs sein, viel erleben und unternehmen. Der Senior hat ein verstärktes Ruhebedürfnis und bleibt gerne zu Hause im gemütlichen Körbchen liegen, während der Mensch mit dem jungen Hund zum Training geht. Der junge Hund wird nach dem Training ausgelastet sein und eine Ruhephase akzeptieren, in dieser Zeit kann der Mensch aus-giebig mit dem alten Hund schmusen, ihn bürs-ten, mit ihm eine kleine Gassirunde gehen etc.

Die alte Mischlingshündin liebt das Spiel mit dem jungen Pinscher-Rüden, aber manchmal wird es ihr doch zu wild. Hier ist der Mensch gefordert, einzugreifen.

4

Erziehung & Beschäftigung

Prinzipiell sind die Erziehung und auch die Beschäftigungsmöglichkeiten für mehrere Hunde die gleichen wie für einen Hund.

Oberster Grundsatz ist allerdings, dass immer zunächst mit jedem Hund einzeln trainiert wird. Erst wenn es mit den Hunden im Einzeltraining keine Probleme mehr gibt, können Sie eine Beschäftigung mit zwei oder mehr Hunden gleichzeitig beginnen. Ein Hund lernt neue Signale immer am besten ohne Ablenkung in einer reizarmen Umgebung. Das Training neuer Signale sollten Sie daher immer z. B. in der Wohnung oder im Garten bzw. in einem abgelegenen Wald- oder Wiesengelände trainieren. Hätten Sie beim Training eines neuen Signals nun ihren zweiten Hund mit dabei, wäre dies für den Hund bereits eine große Ablenkung. Man muss schauen, was der andere Hund gerade macht, man muss sich eventuell präsentieren oder aber auch einfach nur einmal kurz versichern, dass der andere Hund noch da ist. Zudem können Sie nicht Ihre ganze Aufmerksamkeit auf den zu trainierenden Hund legen. Sie müssen den zweiten Hund ja auch immer im Auge behalten. Liegt er frei ab, müssen Sie kontrollieren, dass er das Signal auch durchgehend ausführt. Haben Sie ihn angebunden, damit Sie sich nicht auch noch auf das Einhalten des Bleib-Signals bei ihm konzentrieren müssen, hat er sich vielleicht nach einiger Zeit mit den Beinen in der Leine verknotet. Oder aber er beginnt, weil es ihm langweilig ist, an der Leine zu kauen, zu jammern, zu bellen. Selbst wenn Ihr zweiter Hund bereits gut erzogen ist und einfach nur ruhig da liegt und wartet, müssen Sie auch ihn dafür bestätigen. Daher sollte ein Training zu zweit wirklich immer erst beginnen, wenn die Signale, die Sie in einem solchen Training mit den Hunden üben wollen, einzeln und mit leichten Ablenkungsreizen bereits gut funktionieren.

Unterschiede: Pinscher Easy liebt alle Spiele mit Action, Ridgeback Abbey geht alles eher ruhig an.

Gut erzogen: Gemeinsam lernen

In der Regel beginnt man immer mit dem ranghöchsten Hund, dann trainiert man mit dem rangniedrigen und am Ende lässt man noch einmal den ranghöheren Hund eine kleine Aufgabe machen. So merkt der ranghöhere Hund, dass er wirklich der wichtigste Hund im Rudel ist, und fühlt sich nicht zurückgesetzt, weil auch mit dem rangniedrigen Hund trainiert wird. Natürlich kann es auch Kombinationen geben, bei denen es nicht so wichtig ist, diese Regel einzuhalten. Hat der ranghöhere Hund weder Interesse an Futter noch an einem Spiel mit dem Menschen, wird er auch nicht bei einer Bevorzugung des rangniedrigen Hundes frustriert sein.

AUCH RUDELHUNDE MÜSSEN ALLEINE BLEIBEN

Alles, was Sie unternehmen, sollten Sie auch immer einzeln mit den Hunden ausführen. Diese sollen sich ja an Ihnen orientieren, sich auf Sie verlassen. Es könnte sonst unter Umständen einmal Probleme geben, wenn der eine Hund stirbt. Dann ist der andere Hund plötzlich alleine, und wenn er sich bis jetzt nur an dem zweiten Hund orientiert hat und nicht an seinem Menschen, wird er den Verlust eventuell nur schwer überwinden. Es können Probleme auf Spaziergängen und bei der Kommunikation mit Menschen oder Hunden entstehen, da der Hund diese Lebensbereiche nun alleine bewältigen muss. Hat er das vorher nicht gelernt, ist er jetzt eventuell völlig überfordert. Dann entstehen schnell Frustrationen und Ängste. Genauso kann dann auch das Alleinbleiben zu einem Problem werden. Trainiert man aber einzeln mit den Hunden, bleibt auch immer wieder einer der Hunde alleine zu Hause, sodass dann in diesem Bereich ebenfalls keine großen Probleme entstehen werden.

GEMEINSAM TRAINIEREN

Im Prinzip kann man jede Art von Training auch mit zwei Hunden durchführen. Natürlich sind Agility oder auch Fährte nicht wirklich mit mehreren Hunden gleichzeitig möglich. Man kann aber z. B. einzelne Elemente in das gemeinsame Training mit einbauen, indem man z. B. die Hunde nacheinander im Wechsel über einzelne Geräte schickt oder auch einmal einen Sprung gleichzeitig ausführen lässt. Grundsätzlich muss jeder Hund einzeln die jeweiligen Aufgaben hundertprozentig beherrschen.

GRUNDSIGNALE

Beide Hunde beherrschen im Einzeltraining die wichtigsten Signale wie „Hier“, „Sitz“, „Platz“, „Bleib“ und „Fuß“. Diese Grundsignale sollte jeder Hund lernen, denn man benötigt sie immer wieder im täglichen Leben. Die meisten

Hunde sind mit diesen relativ einfachen Übungen jedoch nicht ausgelastet, sie brauchen eine intensivere Beschäftigung. Viele Hunde haben ein großes Interesse an Beute, weshalb sich Apportierspiele bei fast allen Hunden anbieten. Apportiertraining kann variabel gestaltet werden, es können in Kombination mit den Grundsignalen immer wieder neue Aufgaben durchgeführt werden. Als Alternative bieten sich noch Beschäftigungsformen an, bei denen der Hund verstärkt die Nase einsetzen muss: Suchspiele. Dabei kann einfach ein Leckerchen in der Wiese versteckt werden oder auch ein Apportiergegenstand, den der Hund suchen und dann bringen soll. Es kann auch direkt eine ganze Spur gelegt werden, die der Hund dann gezielt verfolgen soll. Für das gemeinsame Training mehrerer Hunde ist es ideal, wenn die Hunde auch Übungen aus dem Apportier- und Suchtraining kennen, so kann das Training variabler gestaltet werden, da man Grundsignale gut mit Apportieraufgaben kombinieren kann.

Ginala und Lilyen verstehen sich gut und laufen daher eng nebeneinander „bei Fuß“ neben Andrea.

Beim Signal „Platz“ achten beide Hündinnen aufmerksam darauf, was Andrea signalisiert.

Der Hundeprofi im Einsatz:

Übungen für mehrere Hunde

1 Grundsignale

Hier gibt es unendlich viele Möglichkeiten: z. B. einen Hund abrufen, während der andere Hund sitzen bleibt, oder bei mehr als zwei Hunden den einen Hund mitten durch die wartenden Hunde zu sich rufen, bei Fuß mit einem Hund um den anderen wartenden Hund herum laufen. Dabei können die Signale „Hier", „Steh", „Sitz", „Platz", „Bleib" und „Fuß" beliebig kombiniert werden.

2 Futtersuche

Lassen Sie beide Hunde anfangs zuschauen, wie Sie Futter verstecken. Danach schicken Sie beide Hunde in die Suche. Später dürfen Ihre Hunde nicht zuschauen, wo Sie das Futter versteckt haben. Für das fortgeschrittene Training können Sie dann zunächst nur einen Hund schicken, während der andere warten muss. Nachdem der erste Hund einige Futterbrocken gefunden hat, rufen Sie ihn aus der Suche ab und schicken nun Ihren zweiten Hund. Keine Übung für futteraggressive Hunde.

3 Weitsprung

Legen Sie den einen Hund ab und halten Sie anfangs eine Stange wie beim Hürdentraining über den liegenden Hund. Nun bekommt der aktive Hund das Signal zum Springen. Die Stange halten sie anfangs noch relativ hoch, später wird sie knapp über dem liegenden Hund gehalten, bis sie schließlich ganz wegfällt.

4 Apportieren

Das Apportiertraining bietet eine Fülle an Variationen. Die einfachste Variante ist dabei, den einen Hund apportieren zu lassen, während der andere wartet. Stellen Sie sich dazu anfangs leicht seitlich neben den abliegenden oder sitzenden Hund. Der Hund, der apportieren darf, befindet sich auf Ihrer anderen Seite. Nun drehen Sie sich in Richtung dieses Hundes und schicken ihn mit einem deutlichen Handzeichen in Richtung eines vorher ausgeworfenen Gegenstandes. Dadurch, dass Sie leicht seitlich abgewendet vom abliegenden Hund stehen, signalisieren Sie ihm, dass er momentan nicht an der Reihe ist. Zur Unterstützung können Sie ihm auch mit der ihm zugewendeten Hand noch das Signal zum Liegenbleiben geben.

Sicher abliegen *Bei dieser Übung sollte der wartende Hund bereits sicher abliegen können.*

5 Agility

Trainingsgeräte wie z. B. aus dem Agility können Sie hervorragend für das Training mit zwei Hunden nutzen. Rufen Sie beide Hunde gemeinsam und gleichzeitig über eine Hürde ab. Oder setzen Sie die Hunde einander gegenüber vor der Hürde ab und lassen Sie beide entgegengesetzt über die Hürde springen. Die Schwierigkeit können Sie bei diesen Übungen steigern, indem Sie mehrere Hürden hintereinander aufbauen. Achten Sie aber immer darauf, dass keine Verletzungsgefahr für einen der Hunde besteht.

TRAININGSAUFBAU

Beim Trainingsaufbau beginnt man immer mit einer sehr einfachen Übung, damit die Hunde belohnt werden können und Spaß am Training haben. Setzen Sie Ihre Hunde in einer kurzen Entfernung von etwa fünf Schritten ab. Im Grunde genommen beginnt hier bereits die erste Aufgabe. Sie geben Ihrem ersten Hund die Signale „Sitz“ und „Bleib“. Dieser muss nun warten, während sie den zweiten Hund an seine Position bringen. Dort geben Sie Ihrem zweiten Hund die Signale „Sitz“ und „Bleib“. Danach gehen Sie zu Ihrem ersten Hund zurück und belohnen ihn dafür, dass er brav sitzen geblieben ist. Geben Sie ihm dann erneut die Signale „Sitz“ und „Bleib“ und wenden Sie sich nun Ihrem zweiten Hund wieder zu. Dieser bekommt nun ebenfalls eine Belohnung für das Warten. Diese Übung hört sich für Sie nun vielleicht sehr einfach an. Für die Hunde bedeutet es aber bereits eine große Leistung. Dies gilt natürlich vor allem dann, wenn es sich bei einem der Hunde um einen noch sehr jungen Hund handelt. Wenn Sie einen Welpen in das Rudel aufgenommen haben, sollten Sie die ersten Wochen immer mit ihm alleine trainieren. Wenn Sie fleißig trainieren, können Sie die hier beschriebene Übung aber bereits im Alter von ca. 6 Monaten mit Ihrem Junghund durchführen. Die Schwierigkeit besteht darin, dass die Hunde ja nicht nur das „Sitz“ und das „Bleib“ ausführen müssen, sie müssen auch sitzen bleiben, wenn der Kumpel eine Belohnung bekommt!

WENN NICHT ALLES NACH LEHRBUCH VERLÄUFT ...

Sie haben hochmotiviert das Training wie hier beschrieben begonnen, aber nichts läuft, wie es soll: In dem Augenblick, in dem Sie sich von Ihrem ersten Hund abwenden, um den zweiten Hund abzusetzen, steht der erste Hund auf und folgt Ihnen. Sie drehen sich wieder um und brin-

Die beiden Französischen Bulldoggen Ronja und Fiene haben gelernt, die Signale ihrer Menschen auch auszuführen, wenn sie zusammen trainiert werden.

gen ihn zurück auf seinen Platz. Dabei macht sich aber Ihr zweiter Hund, den Sie frei bei Fuß haben laufen lassen, selbstständig. Da für ihn ja offenbar keine Aufgabe ansteht, geht er lieber schnüffeln und Hasenköttel fressen. Nachdem Ihr erster Hund nun also wieder brav sitzt, drehen Sie sich zu Ihrem zweiten Hund um und rufen ihn zurück. Der kommt auch sofort, was den ersten Hund veranlasst, ebenfalls aufzustehen – um nachzusehen, warum Ihr zweiter Hund so schnell zu Ihnen gelaufen kommt. Offensichtlich gibt es ja etwas Spannendes.

REGELN BEIM TRAINING

Damit Ihr Training nicht in einem solchen Chaos endet, müssen Sie einige Regeln beachten:

1 Beginnen Sie grundsätzlich mit einer einfachen Aufgabe, welche die Hunde auf jeden Fall erfolgreich durchführen können. So sind sowohl die Hunde als auch Sie selbst motiviert und Sie können nun in kleinen Schritten das weitere Training aufbauen. Geht die erste Übung schon schief, kommt es schnell zu Frust oder aber Desinteresse der Hunde.

2 Wenn eine Übung misslingt, sollten Sie diese wiederholen, dabei aber die Anforderungen etwas heruntersetzen. Steht Ihr Hund also wie in dem oben beschriebenen Beispiel aus dem Sitz auf, führen Sie die Übung beim nächsten Mal einfacher aus. Sie setzen den ersten Hund ab, entfernen sich dann aber nicht wirklich von ihm. Sie bleiben ihm seitlich zugewandt stehen, sodass Sie ihn noch mit Ihrer Körperfront kontrollieren können. Ihren zweiten Hund setzen Sie nun lediglich zwei Schritte von Ihrem ersten Hund entfernt ab. So können Sie beide Hunde mit einem Schritt erreichen und brauchen sich noch nicht wirklich zwischen ihnen hin und her zu bewegen.

Das Signal „Sitz" kann schnell um das Signal „Bleib" erweitert werden. Beherrschen beide Hunde die Signale sicher im Einzeltraining, wird gemeinsam trainiert.

Der 6 Monate alte Deutsche Pinscher-Rüde Easy orientiert sich beim Signal „Sitz“ an der älteren Mischlingshündin. So fällt ihm die Ausführung des Signals leicht.

3 Missachtet der eine Hund ein Signal, während Sie gerade mit dem zweiten Hund eine Aufgabe ausführen, wird zunächst die Aufgabe mit dem zweiten Hund bis zum Ende, also bis zur Belohnung, durchgeführt. Würden Sie die Übung unterbrechen, wäre dies für den zweiten Hund nicht verständlich. Schließlich hat er ja gut mitgearbeitet und keinen Fehler gemacht. Er kann daher nicht verstehen, dass die Aufgabe unterbrochen wird und er keine Belohnung bekommt. Die Folge davon kann sein, dass er sich abwendet und das Interesse

verliert. Ignorieren Sie den ersten Hund einfach, achten Sie nur darauf, dass er die Durchführung der Übung mit dem zweiten Hund nicht verhindert, indem er Ihnen z. B. im Weg steht. Hat der zweite Hund die Aufgabe gut ausgeführt, bekommt er seine Belohnung. Erst dann korrigieren Sie den ersten Hund. Im Beispiel hier würden Sie also zunächst einmal den zweiten Hund, wie sie es vorhatten, an seinen Platz bringen. Sie geben ihm das Signal „Sitz" und belohnen ihn dafür. Danach bekommt er das Signal „Bleib" und Sie sprechen Ihren ersten Hund an und bringen ihn an seinen Platz zurück. Dort erhält er erneut das Signal „Sitz".

4 Vorsicht: An dieser Stelle darf der erste Hund auf gar keinen Fall eine Belohnung dafür bekommen, dass er sich hinsetzt. Denn schließlich hat er ja das erste Signal „Sitz" und „Bleib" selbstständig aufgelöst. Würde er an dieser Stelle eine Belohnung erhalten, würden Sie ihn für eine Korrektur belohnen. Im ungünstigsten Fall würde Ihr Hund dann lernen, dass es sich lohnt aufzustehen, denn im Anschluss daran bekommt man ja auch eine Belohnung.

5 Setzt sich Ihr erster Hund hin, erhält er erneut das Signal „Bleib". Sie vereinfachen die Übung nun insofern, dass Sie sich rückwärts von ihm entfernen. Durch das Zeigen der Körperfront können Sie ihn durchgängig kontrollieren. Sie gehen nun die 5 Schritte zu Ihrem zweiten Hund und belohnen diesen dafür, dass er sitzen geblieben ist. Er erhält erneut das Signal „Bleib" und Sie gehen sofort zu Ihrem ersten Hund zurück, um diesen nun auch zu belohnen.

6 Hilfreich kann es auch sein, die Übungen je nach Trainingsstand des Hundes unterschiedlich zu gestalten. Wenn Sie feststellen, dass Ihr junger Hund große Probleme hat, in Anwesenheit des alten Hundes sitzen zu bleiben, könnte eine erste Trainingseinheit alternativ auch wie folgt aussehen: Sie beginnen das Training wie hier beschrieben damit, dass Sie Ihren ersten Hund, in diesem Falle den älteren Hund, der bereits sicher und lange Zeit auch unter Ablenkung sitzen und warten kann, absetzen. Er erhält die Signale „Sitz" und „Bleib". Nun beginnen Sie mit Ihrem zweiten, dem jüngeren Hund ein Training mit einer Aufgabe, die ihm leichter fällt. Dies können z. B. ein paar Schritte „Fußlaufen" sein oder aber auch eine einfache Apportierübung. Generell fällt es gerade jungen Hunden schwer, unter Ablenkung „nichts" zu tun, also ruhig sitzen oder liegen zu bleiben und zu warten. Diese Übung ist zwar auf Dauer unabdingbar, wenn man gemeinsam mit mehreren Hunden trainieren möchte, dennoch kann sie auch erst in der zweiten oder dritten gemeinsamen Trainingseinheit begonnen werden. Ihr junger Hund erhält nun also z. B. das Signal „Fuß" und Sie laufen ein paar Schritte mit ihm bei Fuß. Dabei entfernen Sie sich von Ihrem älteren Hund. Wiederholen Sie die Übung, dieses Mal aber in Richtung des älteren Hundes. Sind Sie wieder an Ihrer Startposition angekommen, belohnen Sie den jungen Hund. Danach können Sie dann Ihren älteren Hund dafür belohnen, dass er sitzen geblieben ist. Während Sie ihm das Leckerli geben, können Sie gleichzeitig das Sitzen und Warten mit Ihrem jungen Hund trainieren. Sprechen Sie Ihren jungen Hund, der sich direkt neben Ihnen befindet, an und geben Sie ihm das Signal „Sitz". Behalten Sie ihn im Auge und belohnen Sie nun Ihren älteren Hund. Sollte der Jüngere nun aufstehen wollen, können Sie dies durch eine leichte Körperbewegung in seine Richtung verhindern.

WICHTIG

Regeln beim Training

- Man beginnt immer mit einer einfachen Aufgabe.
- Die Aufgaben werden in kleinen Schritten gesteigert.
- Misslingt eine Aufgabe, geht man bei der Wiederholung einen Schritt zurück.
- Macht ein Hund einen Fehler, während der andere Hund gerade eine Aufgabe ausführen soll, wird er ignoriert. Erst wird die Aufgabe mit dem zweiten Hund bis zum Ende und bis zur Belohnung durchgeführt, erst dann wird der andere Hund korrigiert.
- Für eine Korrektur gibt es niemals eine Belohnung.
- Die Aufgaben sollten sich immer am Trainingsstand der Hunde orientieren.

SIGNALE – WELCHER HUND IST GEMEINT?

Nachdem die erste Übung erfolgreich verlaufen ist, beide Hunde sind brav sitzen geblieben, können Sie die Übungen steigern. In einem nächsten Schritt dürfen die Hunde nun nacheinander jeweils eine kleine Aufgabe durchführen. Dabei sollte noch keine Dynamik entstehen. Für die erste Steigerung bietet sich daher der Positionswechsel z. B. von „Sitz" zu „Platz" an. Sie haben nun gerade den zweiten Hund für das Sitzenbleiben belohnt. Wenden Sie sich jetzt wieder Ihrem ersten Hund zu und geben Sie ihm das Signal „Platz". Ihr Hund soll nun also seine Position von „Sitz" in „Platz" wechseln. Ein Training mit Handzeichen bietet sich bei Hunden ja generell an, da sie viel über Körpersprache kommunizieren.

EINDEUTIGE KÖRPERSPRACHE

Wichtig ist es, bei mehreren Hunden auf eindeutige Signale zu achten. Daher sollten Sie sich mit dem Körper immer eindeutig dem angesprochenen Hund zuwenden und von dem nicht angesprochenen Hund abwenden. Grundsätzlich beginnt man ein Training immer so, dass beide Hunde einander gegenübersitzen und Sie in der Mitte stehen, so können Sie sich eindeutig dem einen Hund zuwenden und von dem anderen abwenden. Später liegen beide Hunde immer näher beieinander, bis sie schließlich auch nebeneinander liegen können. Bei Stimmsignalen setzt man den Namen des jeweils angesprochenen Hundes vor das eigentliche Signal!

Hilfreich kann es auch sein, für die Hunde unterschiedliche Worte als Signale zu benutzen, also für das Hinlegen für den einen Hund z. B. „Platz" und für den anderen Hund „Down". Dies bedeutet für den Menschen natürlich weitaus höhere Anforderungen, da er sich mehr Signale merken muss. Bei zwei Hunden mag dies noch gut funktionieren, bei drei oder mehr Hunden wird es für den Menschen meist sehr problematisch. Sollen bei einer Arbeit auf Entfernung mehrere Hunde gleichzeitig geführt werden, wie z. B. beim Hüten, sind unterschiedliche Laut- bzw. Pfiffsignale unabdingbar. Da hier eine Zuweisung über Körpersprache nicht erfolgen kann, muss die Unterscheidung der Stimmsignale eindeutig sein.

DAS WEITERE TRAINING

1 Nachdem Sie Ihrem ersten Hund das Signal für Platz gegeben haben und dieser sich hinlegt, können Sie ihn dafür belohnen. Anschließend erhält er wieder das Signal „Bleib" und Sie wenden sich Ihrem zweiten Hund zu.

Der Große Schweizer Sennenhund-Rüde Balou und die Collie-Hündin Nera haben sich beide hingelegt, als Nicole ihnen das Signal gegeben hat.

Dieser bekommt nun zunächst einmal eine Belohnung dafür, dass er sitzen geblieben ist. Danach wird auch er mit dem Signal „Platz" zum Hinlegen aufgefordert und anschließend belohnt. Danach geben Sie ihm wieder das Signal „Bleib" und wenden sich dem ersten Hund zu.

2 Nun sind Sie soweit, dass bereits Dynamik ins Spiel kommen kann. Die Aufgabe wird nun insofern gesteigert, dass Sie sich in langsamem Tempo zusammen mit Ihrem Hund bewegen. Sie belohnen Ihren ersten Hund zunächst einmal dafür, dass er geblieben ist. Dann erhält er das Signal „Fuß" und Sie laufen einige Schritte mit ihm frei „bei Fuß". Dann bleiben Sie stehen, belohnen Ihren Hund dafür, dass er mitgelaufen ist und geben ihm die Signale „Sitz" und „Bleib". Nun wenden Sie sich Ihrem zweiten Hund zu, der nach einer Belohnung für das Sitzenbleiben auch einige Schritte mit Ihnen bei Fuß laufen soll. Sie belohnen ihn, geben ihm die Signale „Sitz" und „Bleib" und wenden sich Ihrem ersten Hund zu.

3 Die nächste Steigerung erfolgt durch eine Steigerung der Dynamik, indem Sie Ihren ersten Hund abrufen. Bleiben Sie dafür neben Ihrem zweiten Hund stehen, mit dem Sie ja gerade einige Schritte „Fuß" gelaufen sind. Da sich Ihr zweiter Hund somit direkt neben Ihnen befindet, ist zum einen klar, wer mit dem Signal „Hier" gemeint ist, zum anderen können Sie Ihren zweiten Hund durch Ihre Körpersprache besser kontrollieren. Rufen Sie nun also Ihren ersten Hund zu sich. Ist dieser bei Ihnen angekommen, bekommt er eine Belohnung. Ist Ihr zweiter Hund brav sitzen geblieben, wird er ebenfalls belohnt. Er muss nun aber weiterhin bleiben, da Sie zunächst Ihren ersten Hund wieder an seine frühere Position zurückbringen müssen. Geben Sie dem zweiten Hund daher das Signal „Bleib" und Ihrem ersten Hund das Signal „Fuß". Angekommen erhält Ihr erster Hund für das gute Folgen frei bei Fuß eine Belohnung und Sie geben ihm die Signale „Sitz" und „Bleib". Nun sind Sie so weit, dass Sie Ihren zweiten Hund abrufen können. Rufen Sie ihn, belohnen Sie ihn, belohnen Sie dann den ersten Hund dafür, dass er sitzen geblieben ist. Geben Sie dem ersten Hund erneut das Signal „Bleib" und bringen Sie den zweiten Hund mit dem Signal „Fuß" an seinen früheren Platz zurück, an dem er dann mit dem Signal „Bleib" wieder warten muss.

4 In einem letzten Schritt können Sie nun noch Beute ins Spiel bringen. Gehen Sie zu Ihrem ersten Hund und holen Sie einen Apportiergegenstand wie z. B. ein Dummy aus Ihrer Tasche. Nun werfen Sie Ihrem Hund das Dummy, aber bitte nicht in Richtung des wartenden zweiten Hundes! Anfangs sollten Sie möglichst in die entgegengesetzte Richtung werfen. Hat Ihr erster Hund Ihnen das Dummy gebracht, bekommt er eine Belohnung und

Nera ist nicht aktiv mit einer Aufgabe betraut und soll warten. Deshalb steht Nicole seitlich zu ihr.

Balou, der in einiger Entfernung warten musste, wird nun von Nicole abgerufen.

muss wieder sitzen bleiben und warten. Nun darf Ihr zweiter Hund ebenfalls apportieren. Sind sie so weit, dass Ihre Hunde diese Grundübungen beherrschen, können Sie unendlich viele einfache, aber auch anspruchsvolle Kombinationen aufbauen.

So können Sie z. B. den wartenden Hund mit Ihrem „bei Fuß" laufenden Hund umkreisen. Sie können die Hunde aneinander vorbei abrufen. Sie können Dummys in verschiedene Richtungen werfen, die Hunde aneinander vorbei apportieren lassen. Ihrer Fantasie sind dabei keine Grenzen gesetzt, und je mehr Hunde sie haben, desto größer werden die Möglichkeiten. So können Sie z. B. bei drei Hunden den einen Hund zwischen den beiden wartenden Hunden hindurch abrufen. Oder aber Sie bilden eine „Gasse" mit den wartenden Hunden, durch die einer der Hunde dann einen Gegenstand apportieren muss. Aber Achtung, je mehr Hunde Sie haben, desto höher werden die Anforderungen an Sie, denn Sie sind derjenige, der den Leistungsstand der Hunde immer im Blick haben muss und der für ein erfolgreich verlaufendes Training verantwortlich ist. Bei mehr als zwei Hunden benötigt es daher schon Erfahrung, um in der jeweiligen Situation immer richtig zu reagieren.

AUF JEDER SEITE EINEN, ZWEI, DREI …

Natürlich ist ein Leinenführtraining auch mit zwei Hunden möglich. Auch hier sollte zuerst mit beiden Hunden einzeln die Leinenführigkeit trainiert werden, bis sie ohne Probleme funktioniert. Erst dann können Sie beginnen, mit beiden Hunden gemeinsam zu gehen.

Sie gehen in diesem Fall in der Mitte, ein Hund wird links, ein Hund rechts geführt. Am besten kennen die Hunde ihre Stammseite schon vom Einzeltraining her. Ihre Kommunikation muss nun natürlich viel genauer sein, da jeder Hund wissen muss, wann er gemeint ist. Um einen Hund anzusprechen, drehen Sie sich deutlich zu diesem hin. Sie nutzen also hauptsächlich die Körpersprache, um mit den Hunden zu kommunizieren.

Mit drei oder mehr Hunden wird die Leinenführigkeit immer schwieriger, da Sie nun mehrere Hunde auf einer Seite führen müssen und so nicht immer direkt einen Hund eindeutig über die Körpersprache ansprechen können. In diesem Fall werden die stimmlichen Signale wieder wichtiger. Das bedeutet, dass das Führen von mehr als zwei Hunden große koordinatorische Fähigkeiten und eine absolut einwandfreie Einzelkommunikation voraussetzt. Daher sollten Sie sich genau überlegen, ob Sie sich einen dritten Hund anschaffen möchten.

Der junge Jamie darf direkt hinter dem Felldummy herlaufen, welches Andrea wirft. Lilyen muss warten.

Spaziergänge gestalten: Entspannt zu dritt

Spaziergänge mit mehreren Hunden sind in der Regel für den Menschen anstrengender als Spaziergänge mit nur einem Hund. Man muss jetzt auf mehrere Hunde achten, eventuelle Jagdansätze unterbrechen, mehrere Hunde artgerecht auf dem Spaziergang beschäftigen.

Haben Sie mit jedem Hund einzeln keine Probleme, zu zweit verläuft der Spaziergang aber nicht so harmonisch. Da sich trotz guter Vorbereitung eine Eigendynamik bei den Hunden entwickelt, sollten Sie erst einmal nicht beide Hunde gleichzeitig frei laufen lassen, denn dann kann aus einem Rennspiel schnell eine gemeinsame Jagd werden. Sie sollten die Hunde also immer nur im Wechsel frei laufen lassen; ein Hund befindet sich an der Leine. Natürlich darf auch hier wieder eher der ranghöhere Hund zuerst frei laufen. Wenn er das Gebiet schon erkundet und abgecheckt hat, wird er beim Freilauf des rangniedrigen Hundes nicht frustriert sein. Am Ende darf dann der ranghohe Hund wieder frei laufen. Nehmen Sie den angeleinten Hund immer an die kurze Leine. Bei einem Hund an der Schleppleine, zusätzlich zu einem freilaufenden Hund, ist die Verletzungsgefahr für Hund und Mensch viel zu groß. Einer der Hunde könnte bei einem kleinen Rennspiel in der Leine hängen bleiben, oder der angeleinte Hund vergisst den vorgegebenen Radius und rennt mit voller Wucht in die Leine. Das ist schmerzhaft für ihn und für den Menschen. Ist der Trainingsstand der Hunde dann besser, kann die Leine irgendwann weggelassen werden, denn es sollte Ziel sein, mit beiden Hunden frei laufend und gut abrufbar spazieren zu gehen.

HUNDEBEGEGNUNGEN

Gerade wenn man mit mehreren Hunden unterwegs ist, ist Rücksichtnahme oberstes Gebot! Ist man mit einem Hund unterwegs und dieser missachtet den Rückruf und stürmt einfach so

Balou und Nera orientieren sich an Andrea, sie haben beide gelernt, „bei Fuß“ zu gehen.

auf einen anderen Hund zu, ist dies nicht wirklich höflich. Bevor man seinen Hund Kontakt mit einem anderen Hund aufnehmen lässt, sollte man immer erst mit dem Halter des fremden Hundes Kontakt aufnehmen und abklären, ob eine Begegnung beider Hunde im Freilauf möglich ist. Nicht alle Hunde sind entspannt mit Artgenossen, viele reagieren aggressiv oder ängstlich. Vielleicht ist der entgegenkommende Hund auch momentan erkrankt und könnte so Ihren eigenen Hund anstecken? Oder es handelt sich um eine Hündin, die gerade läufig ist, und der Halter der Hündin möchte den Kontakt mit Ihrem unkastrierten Rüden gerne vermeiden. Vielleicht trainieren Hund und Halter aber auch gerade, da würde ein Kontakt zu einem anderen Hund nur stören und das Trainingsprogramm unterbrechen. Oder aber der Halter hat einfach gerade keine Zeit, er möchte seinen Weg ohne Stopp fortsetzen. Alle diese möglichen Gründe sollten Sie respektieren.

Stürmen nun aber nicht nur ein Hund, sondern direkt zwei oder mehr Hunde auf einen fremden Hund zu, kommt es schnell zu Mobbingsequenzen. In der Gruppe ist man stark, gemeinsam kann man Fremde besser umstellen und beeindrucken. Bei Hundebegegnungen sollten Sie daher Ihre Hunde zunächst einmal zu sich rufen. Fragen Sie den Halter des anderen Hundes, ob ein Kontakt erwünscht ist. Lassen Sie dann je nach Situation die Hunde einzeln kurz hintereinander frei laufen. Achten Sie darauf, die Hunde nicht mit einem Signal direkt in Richtung Hund zu schicken, da der Kontakt sonst ruppiger als nötig ausfallen könnte. Behalten Sie Ihre Hunde im Auge, sollte der entgegenkommende Hund sich durch Ihre vielen Hunde bedrängt fühlen, müssen Sie eingreifen und Ihre Hunde abrufen. Dies kann entweder einzeln erfolgen oder aber Sie wenden ein allgemeines Rückrufsignal für alle Hunde an. Um beide Hunde gleichzeitig zu sich zu rufen, können Sie z. B. eine Hundepfeife

Bei Hundebegegnungen sollten Sie vorab klären, ob ein Freilauf von allen Seiten gewünscht und möglich ist. Daher ist es notwendig, die Hunde zunächst zu sich zu rufen und anzuleinen.

benutzen. Dazu müssen natürlich beide Hunde vorab auf eine Pfeife konditioniert worden sein, sie müssen gelernt haben, dass der Pfiff dieselbe Bedeutung wie das Wort „Hier“ hat (siehe S. 91). Gerade bei mehreren Hunden bietet sich aber eine Pfeife an, denn so können Sie direkt alle Hunde auf einmal zu sich rufen.

Vielleicht handelt es sich bei dem entgegenkommenden Hund um einen jungen Hund, mit dem ein wunderbares Spiel mit Ihrem eigenen Junghund entstehen könnte. Sprechen Sie Ihren alten Hund dann in einem Augenblick, in dem er nicht mitten im Kontakt mit dem fremden Hund ist, sondern z. B. gerade am Boden schnüffelt, an und rufen Sie ihn zu sich. Nun kann der junge Hund nach Herzenslust toben, ohne dass der alte Hund z. B. immer wieder korrigierend und mit erzieherischen Maßnahmen wie z. B. einem Nackenstoß in das Spiel der Junghunde eingreift. Generell werden Sie feststellen, dass der Kontakt zu anderen Hunden auf dem Spaziergang mit mehreren Hunden nicht so entspannt sein wird wie mit einem Einzelhund. Ein Rudel genügt sich selbst, Außenstehende werden häufig gemeinsam vertrieben. Wenn Ihnen Kontakte mit anderen Hundehaltern und deren Hunden wichtig sind, sollten Sie sich daher, wenn überhaupt, für zwei Hündinnen einer Rasse mit hohem sozialem Rudelinstinkt entscheiden. Vielleicht belassen Sie es aber auch besser bei Ihrem Einzelhund.

FAZIT – RUDELLEBEN

Zusammenfassend kann man sagen, dass die Haltung von mehreren Hunden viele Vorteile hat. Für den Menschen kann es eine absolut faszinierende Möglichkeit sein, die Hunde untereinander zu beobachten. So viel kann man kaum anderswo über die Kommunikation und das Verhalten von Hunden lernen, als wenn man sie tagtäglich um sich hat. Aber auch für die Hunde kann dies ein wirklicher Vorteil sein, da sie so immer die Möglichkeit haben, mit einem Artgenossen zu kommunizieren. Kein Mensch wird diese Kommunikation je ersetzen können. Und die Möglichkeit, auf Spaziergängen andere Hunde zu treffen, ist ja nicht immer gegeben. Da man nie weiß, auf welchen Hund man trifft, bleibt hier auch noch das Risiko, dass die Begegnung nicht friedlich verläuft. Denn selbst wenn sich die Hunde jeden Tag treffen, entsteht dennoch nur eine Aggregation und kein Rudelverband, sodass Rangordnung und Verhältnisse jeden Tag aufs Neue abgeklärt werden müssen. Somit kann diese Begegnung auch schnell zu einer stressigen Situation ausarten und der Gefallen, den man dem Hund eigentlich tun wollte, wird zu einem „Muss". Nur in einem Rudel kann man also wirklich feine Kommunikation beobachten, bei guter Auswahl der Hunde wird es für alle Beteiligten ein schönes Leben.

Das ist jedoch gleich auch der wichtigste Punkt, denn Hunde, die nicht zueinander passen, können sich das Leben auch zur Hölle machen. Man kann also gar nicht genug Sorgfalt auf die Auswahl des passenden Hundes legen. Auf gar keinen Fall sollte es ein Spontankauf aus emotionalen Gründen sein. Wenn man nun noch bedenkt, dass eben ein zweiter Hund nicht doppelt, sondern eher mehr als doppelt so viel Arbeit und Beanspruchung bedeutet, da man neben der Ausbildung der beiden Hunde immer auch die Beziehung der Hunde untereinander im Blick haben und lenken und leiten muss, wobei dies bei steigender Anzahl der Hunde auch eher zu- als abnimmt, steht einer Mehrhundehaltung eigentlich nichts im Weg.

Abschließend muss man aber auch bedenken, dass es Hunde gibt, die aufgrund ihrer Lebensgeschichte nie mit einem zweiten Hund zusammen gehalten werden können. Das sollte man dann respektieren. Auch wenn die Trennung für die Menschen schmerzlich wird, für den Hund wird sie eine Erleichterung bedeuten. Das Wohl des Hundes sollte immer vor den Wünschen und Bedürfnissen des Menschen stehen.

5

Service

Hier erfahren Sie mehr über die Autoren, erhalten wichtige Adressen und werden über weitere Ratgeber von Martin Rütter informiert.

Nützliche Adressen

- **D.O.G.S.**
  Zentrum für Menschen mit Hund
  E-Mail: info@ruetters-dogs.de
  Internet: www.ruetters-dogs.de
  www.martin-ruetter-live.de

Hundeverbände

- **Fédération Cynologique Internationale (FCI)**
  Place Albert 1er, 13
  B – 6530 THUIN
  Telefon : +32 (0) 71 59 12 38
  Telefax : +32 (0) 71 59 22 29
  E-Mail: info@fci.be
  Internet: www.fci.be

Gemeinsam mit mehreren Hunden leben, kann das Leben für Mensch und Hund bereichern.

- **Verband für das Deutsche Hundewesen (VDH) e. V.**
  Westfalendamm 174
  D – 44141 Dortmund
  Telefon: +49 (0) 231 565 00-0
  Telefax: +49 (0) 231 592 440
  E-Mail: info@vdh.de
  Internet: www.vdh.de

- **Österreichischer Kynologenverband (ÖKV)**
  Siegried Markus Straße 7
  A – 2362 Biedermannsdorf
  Telefon: +43 (0) 2236 710 667
  Telefax: +43 (0) 2236 710 667 30
  E-Mail: office@oekv.at
  Internet: www.oekv.at

- **Schweizerische Kynologische Gesellschaft SKG**
  Brunnmattstraße 24
  Postfach 8276
  CH – 3001 Bern
  Telefon: +41 (0) 31 306 62 62
  Telefax: +41 (0) 31 306 62 60
  E-Mail: info@skg.ch
  Internet: www.skg.ch

Die Autoren

Andrea Buisman lebt in Zülpich bei Köln mit fünf Labrador Retrievern, mit denen sie aktiv die verschiedensten Beschäftigungsformen für Mensch und Hund ausübt. Hierzu zählen z. B. Agility, Apportiertraining, Jagdliches Training und Zughundesport. Sie ist seit 2003 im Team von Martin Rütter. Abgesehen von ihren Spezialgebieten „Mehrhundehaltung“ und „Jagdverhalten“ ist sie gefragte Referentin für Trainerfortbildungen zu Themen wie „Welpen“ oder „Aggression bei Hunden“. Sie bildet angehende D.O.G.S.-Coachs aus und ist für die fachliche Betreuung des Netzwerkes der D.O.G.S.-Zentren zuständig.

Martin Rütter gründete 1995 sein erstes „Zentrum für Menschen mit Hund“, in dem er nach neuesten wissenschaftlichen Kenntnissen aus der Verhaltensforschung seine Philosophie D.O.G.S. (Dog Orientated Guiding System) aufbaute und bis heute weiterentwickelt. Mittlerweile gibt es in ganz Deutschland, Österreich und in der Schweiz Hundeschulen, die nach D.O.G.S. arbeiten und in denen vor allem der Mensch im Vordergrund steht und mit seinen Problemen ernst genommen wird. Immer mehr Mensch-Hund-Teams profitieren von diesem Angebot. Doch auch das Entertainment hat es Martin Rütter angetan, und es ist ein großes Erlebnis, ihn live auf seinen Tourneen zu erleben. Zudem setzt er sich in den Medien für eine bessere Mensch-Hund-Beziehung ein. In seinen TV-Sendungen „Der Hundeprofi“ und „Der VIP-Hundeprofi“ hilft Deutschlands beliebtester Hundeexperte auch in schwierigen Fällen.

Zum Weiterlesen

Bücher von Martin Rütter

- **Hundetraining mit Martin Rütter**
  Kosmos 2014
- **Sprachkurs Hund**
  Kosmos 2009
- **Angst bei Hunden**
  Kosmos 2008
- **Aggression beim Hund**
  Kosmos 2011

DVDs von Martin Rütter

- **Hundetraining mit Martin Rütter – Teil 1**
  Kosmos 2007
- **Hundetraining mit Martin Rütter – Teil 2**
  Sony Music Entertainment 2013
- **Sprachkurs Hund**
  MINA-TV
- **Hund-Deutsch, Deutsch-Hund. Live**
  Sony Music Entertainment 2010
- **Der tut nix! Live**
  Sony Music Entertainment 2013
- **Der Hundeprofi. Vol.1 bis 3**
  Sony Music Entertainment

Spiele von Martin Rütter

- **Wer bellt denn da?**
  ab 8 Jahren, für 2 – 4 Spieler
- **Mein Hundequiz**
  ab 8 Jahren, für 2 – 4 Spieler

Register

Bildnachweis

132 Farbfotos wurden von Klaus Grittner für dieses Buch aufgenommen.

Impressum

Umschlaggestaltung von GRAMISCI Editorialdesign, München, unter Verwendung von zwei Farbfotos von Klaus Grittner sowie Marc Rehbeck (Klappe außen).

Mit 132 Farbfotos.

Alle Angaben in diesem Buch erfolgen nach bestem Wissen und Gewissen. Sorgfalt bei der Umsetzung ist indes dennoch geboten. Der Verlag und die Autoren übernehmen keinerlei Haftung für Personen-, Sach- oder Vermögensschäden, die aus der Anwendung der vorgestellten Materialien, Methoden oder Informationen entstehen könnten.

Gedruckt auf chlorfrei gebleichtem Papier

ISBN 978-3-440-12758-2
Redaktion: Hilke Heinemann
Gestaltungskonzept: GRAMISCI Editorialdesign, München
Gestaltung und Satz: Atelier Krohmer, Dettingen/Erms
Produktion: Eva Schmidt
Printed in Germany / Imprimé en Allemagne

FSC
www.fsc.org
MIX
Papier aus verantwortungsvollen Quellen
FSC® C004592